示范性职业教育重点规划教材

职业技术教育技能型人才培养"十三五"规划教材

# 电工技术与安全用电

主　编◎董　新

副主编◎刘建奇　王　辉　刘志玮

西南交通大学出版社

·成都·

图书在版编目（CIP）数据

电工技术与安全用电 / 董新主编. —成都：西南
交通大学出版社，2019.11
示范性职业教育重点规划教材　职业技术教育技能型
人才培养"十三五"规划教材
ISBN 978-7-5643-7136-4

Ⅰ. ①电… Ⅱ. ①董… Ⅲ. ①电工技术 – 高等职业教
育 – 教材②安全用电 – 高等职业教育 – 教材 Ⅳ. ①TM

中国版本图书馆 CIP 数据核字（2019）第 193244 号

示范性职业教育重点规划教材
职业技术教育技能型人才培养"十三五"规划教材

Diangong Jishu yu Anquan Yongdian
**电工技术与安全用电**

主　编 / 董　新

责任编辑 / 穆　丰
封面设计 / 何东琳设计工作室

西南交通大学出版社出版发行

（四川省成都市金牛区二环路北一段 111 号西南交通大学创新大厦 21 楼　610031）
发行部电话：028-87600564　028-87600533
网址：http://www.xnjdcbs.com
印刷：成都蓉军广告印务有限责任公司

成品尺寸　185 mm×260 mm
印张　12　　字数　298 千
版次　2019 年 11 月第 1 版　　印次　2019 年 11 月第 1 次

书号　ISBN 978-7-5643-7136-4
定价　35.00 元

# 贵阳职业技术学院教材编写委员会

# 前　言

　　本书结合我国高等职业教育的现状，以贵阳职业技术学院示范校重点建设课程"电工技术与安全用电"建设为契机进行编写则成。

　　书中以培养机电一体化技术专业高等技术应用型人才为目标，以"工学结合、项目引导'教、学、做'一体化"为编写原则，以国家中级电工和维修电工知识和技能要求为准绳，进行课证相融合。根据专业培养目标，参照学生在毕业后的工作岗位所需专业知识和实践技能，充分注重"教、学、做"的有机统一，强化学生的能力培养；在注重基础理论教育的同时，突出实用性、针对性和先进性；注重基本概念、基本分析方法和基本技能的培养和训练，体现高等职业教育的特点；在内容叙述上，力求通俗易懂，由浅入深阐明问题。全书以项目任务为主体，配合作业指导书和作业完成项目化教学。

　　本书以电工和维修电工应掌握的基本知识与技能为基础，包含模块一：电工基本知识，模块二：常用电工工具的使用，模块三：常用电工仪表的使用，模块四：电工基本技能训练，模块五：电工外线安装基本技能训练，模块六：照明装置安装与调试，主要介绍了电工及维修电工应掌握的相关安全知识和操作规程，触电急救及电气设备灭火方法，电工常用工具的使用，导线的连接方式，导线绝缘层的恢复，外线的安装，常用照明装置的安装与维修，量电装置的安装与维修等内容。

　　本书内容由浅入深，对知识和技能的学习由简单到复杂，循序渐进，大大提高了学生主动学习的积极性。

　　本书由贵阳职业技术学院董新担任主编，贵阳职业技术学院刘建奇、王辉、刘志玮担任副主编。其中模块一、二由董新编写，模块三由王辉编写，模块四、五由刘建奇编写，模块六由刘志玮编写。

　　由于编者水平有限，书中难免有疏漏之处，欢迎各位老师及读者提出宝贵的意见和建议。

作者

2018 年 11 月

# 目　录

# 模块一　电工基本知识

## 【教学目标】

（1）熟悉电工安全用电基本知识和电工安全操作规程。

（2）能处理一般安全事故并学会触电急救方法。

（3）作为一名合格的电工必须掌握的电工的基本操作技能。

# 项目一　电工相关安全知识

## 【学习目标】

（1）掌握电工安全用电基本知识。

（2）能处理一般安全事故。

（3）正确掌握电工安全操作规程。

## 一、电工应具备的条件

（1）必须接受安全教育，掌握电工基本的安全知识和工作范围内的安全操作规程，并考试合格后才能正式上岗。

（2）必须熟悉本车间（部门、生产线）乃至本厂的电气线路和设备。

（3）必须掌握触电急救法、电气灭火法。

（4）更重要的是应掌握好各项操作技能、各类电气线路的安装维修、生产机械电气线路的安装与检修等。

## 二、电工人身安全知识

（1）在进行电气设备安装与维修操作时，必须严格遵守各种安全操作规程和规定，不得玩忽职守。

（2）操作时，要严格遵守停电操作的规定，切实做好突然送电时的各项安全措施，如锁上闸刀，并挂上"有人工作，不许合闸"等警告牌等，不准未在约定时间送电。

（3）在邻近带电操作时，要保证有可靠的安全距离。

（4）操作前应检查工具的绝缘手柄、绝缘鞋和绝缘手套等安全用具的绝缘性能是否良好，有问题的应立即更换，并应做定期检查。

（5）登高工具必须安全可靠，未经登高训练的电工人员不准进行登高作业。

（6）发现有人触电，要立即采取正确的抢救措施。

## 三、设备运行安全知识

（1）必须严格遵照操作规程进行设备运行操作，合上电源时，应先合隔离开关，再合负荷开关；分断电源时，应先断开负荷开关，再断开隔离开关。

（2）在需要切断故障区域时，要尽量缩小停电范围。有分路开关的，要尽量切断故障区域的分路开关，尽量避免越级切断电源。

（3）电气设备一般都不能受潮，要有防止雨、雪和水侵袭的措施。电气设备在运行时会发热，要有良好的通风条件，有的还要有防火措施。有裸露带电体的设备，特别是高压设备，要有防止小动物窜入造成短路事故的措施。

（4）所有电气设备的金属外壳，都必须有可靠的保护接地。

对有可能被雷击的电气设备，都要安装防雷装置。

## 四、安全用电常识

电工不仅要充分了解安全用电常识，还有责任阻止不安全用电的行为发生和宣传安全用电知识。安全用电常识内容：

（1）严禁用一线（相线）一地（指大地）安装用电器具。

（2）在一个插座上不可接过多或功率过大的家用电器。

（3）要掌握电气知识，在没有技术人员和专业人士指导下不可随意安装和拆卸电气设备及线路。

（4）不可用金属丝绑扎电源线。

（5）不可用湿手接触带电的电器，如开关、灯座等；更不可用湿布擦电器。

（6）电动机和电气设备上不可放置衣物，不可在电动机上坐立，雨具不可挂在电动机或开关等电器的上方。

（7）堆放和搬运各种物质，安装其他设备，要与带电设备和电源线相距一定的安全距离。

（8）在搬运电钻、电焊机、电炉等可移动电器时，要切断电源，不允许拖拉电源线来搬移电器。

（9）在潮湿环境中使用可移动电器，必须采用额定电压为 36 V 的低压电器，若采用额定电压为 220 V 的电器，其电源必须采用隔离变压器；在金属容器如锅炉、管道内使用移动电器，一定要用额定电压为 12 V 的低压电器，并要加接临时开关，还要有专人在容器外监护；低电压移动电器应装特殊型号的插头，以防误插入电压较高的插座上。

（10）雷雨时，不要靠近断落在地面上的高压电线，万一高压电线断落在身边或已进入跨步电压区域时，要立即用单脚或双脚并拢迅速跳到 10 m 以外的地区，千万不可奔跑以防跨步电压触电。

## 五、电气消防知识

（1）在发生电器设备火警或邻近电气设备附近发生火警时，电工应运用正确的灭火知识，指导和组织群众采用正确的方法灭火。

（2）当电气设备或电气线路发生火警时，要尽快切断电源防止火情蔓延和灭火时发生的触电事故。

（3）不可用水或泡沫灭火器灭火，尤其是油类相关的火警，应采用黄砂、二氧化碳或"1211"灭火器灭火。

（4）灭火人员不可使身体及手持的灭火器材碰到有电的导线或电气设备。

## 六、电工安全操作常识

（1）上岗前必须穿戴好规定的防护用品。

（2）工作前应详细检查所用工具是否安全可靠，一般不允许带电作业。了解场地、环境情况，选好安全位置工作。

（3）各项电气工作要认真严格执行"装得安全、拆得彻底、检在经常、修理及时"的规定。

（4）在线路、电气设备上工作时要切断电源，并挂上警告牌，验明无电后才能进行工作。

（5）不准无故拆除电器设备上的熔丝、过负荷继电器或限位开关等安全保护装置。

（6）机电设备安装或修理完工后，在正式送电前必须仔细检查绝缘电阻、接地装置、传动部分、防护装置，以确保其符合安全要求。

（7）发生触电事故时应立即切断电源，并采用安全、正确的方法立即对触电者进行抢救。

（8）装接灯头时开关必须控制相线（即开关应装在火线上）；临时线架设时应先接地或零线，再接相线；拆除时应先拆相线再拆除地线或零线。

（9）在使用电压高于 36 V 的手电钻时，必须戴好绝缘手套，穿好绝缘鞋。使用电烙铁时，安放位置不得有易燃物或靠近电气设备，用完后要及时拔掉插头。

（10）工作中拆除的电线要及时处理好，带电的线头须用绝缘带包扎好。

（11）高空作业时应系好安全带。

（12）登高作业时，工具、物品不准随便向下扔，须装入工具袋内吊送或传递。地面上的人员应戴好安全帽，并离开施工区 2 m 以外。

（13）雷雨或大风天气，严禁在架空线路上工作。

（14）低压架空线路上带电作业时，应有专人监护，使用专用绝缘工具，穿戴好专用防护用品。

（15）低压架空线路上带电作业时，人体不得同时接触两根线头，不得穿越未采取绝缘措施的导线空隙。

（16）在带电的低压开关柜（箱）上工作时，应采取防止相间短路及接地等安全措施。

（17）当电器发生火警时，应立即切断电源。断电后应用四氯化碳、二氧化碳或干粉等灭火器灭火，严禁用水或普通酸碱泡沫灭火器灭火。

（18）配电间严禁无关人员入内。外来单位参观时必须经有关部门批准，由电气工作人员带入。倒闸操作必须由专职电工进行，复杂的操作应由两人进行：一人操作，另一人监护。

## 七、作业

（1）简述电工作业人员的职责？

（2）简述作为一名电工应掌握哪些相关的操作规程？

# 项目二　触电相关知识

## 【学习目标】

（1）掌握电流对人体伤害知识。
（2）掌握触电的形式相关知识。
（3）掌握触电事故的规律。

## 一、触电事故种类

所谓触电，是指当人体接触或接近带电体并有电流流过人体时，引起人体局部受伤或死亡的现象。电流对人体的伤害是多方面的，有生理上的，也有病理上的。

按照触电事故的构成方式，触电事故可分为电击和电伤。

### （一）电　击

电击是电流对人体内部组织的伤害，是最危险的一种伤害。绝大多数（大约85%以上）的触电死亡事故都是由电击造成的。

电击的主要特征有：

（1）伤害人体内部。
（2）在人体的外表没有显著的痕迹。
（3）致命电流较小。

按照发生电击时电气设备的状态，电击可分为直接接触电击和间接接触电击。

#### 1．直接接触电击

直接接触电击是人体触及设备和线路正常运行时的带电体发生的电击（如误触接线端子发生的电击），也称为正常状态下的电击。

#### 2．间接接触电击

间接接触电击是人体触及正常状态下不带电，而当设备或线路故障时意外带电的导体发生的电击（如触及漏电设备的外壳发生的电击），也称为故障状态下的电击。

### （二）电　伤

电伤是由电流的热效应、化学效应、机械效应等对人造成的伤害。触电伤亡事故中，纯电伤性质的及带有电伤性质的事故约占75%（电烧伤约占40%）。尽管大约85%以上的触电死亡事故是电击造成的，但其中的70%含有电伤成分。对专业电工自身的安全而言，预防电伤具有更加重要的意义。

## 1．电烧伤

电烧伤是电流的热效应造成的伤害，分为电流灼伤和电弧烧伤。

电流灼伤是人体与带电体接触，电流通过人体由电能转换成热能造成的伤害。电流灼伤一般发生在低压设备或低压线路上。

电弧烧伤是由弧光放电造成的伤害，分为直接电弧烧伤和间接电弧烧伤。前者是带电体与人体之间发生电弧，有电流流过人体的烧伤；后者是电弧发生在人体附近对人体的烧伤，包含熔化了的炽热金属溅出造成的烫伤。直接电弧烧伤是与电击同时发生的。

电弧温度高到 8 000 ℃ 以上，可造成大面积、大深度的烧伤，甚至烧焦、烧掉四肢及其他部位。大电流通过人体，也可能烘干、烧焦机体组织。高压电弧的烧伤较低压电弧更严重，直流电弧的烧伤较工频交流电弧更严重。

发生直接电弧烧伤时，电流进、出口烧伤最为严重，体内也会受到烧伤。与电击不同的是，电弧烧伤都会在人体表面留下明显痕迹，而且致命电流较大。

## 2．皮肤金属化

皮肤金属化是在电弧高温的作用下，金属熔化、汽化，金属微粒渗入皮肤，使皮肤粗糙而张紧的伤害。皮肤金属化多与电弧烧伤同时发生。

## 3．电烙印

电烙印是在人体与带电体接触的部位留下的永久性斑痕。斑痕处皮肤失去原有弹性、色泽，表皮坏死，失去知觉。

## 4．机械性损伤

机械性损伤是电流作用于人体时，由于中枢神经反射和肌肉强烈收缩等作用导致的机体组织断裂、骨折等伤害。

## 5．电光眼

电光眼是发生弧光放电时，由红外线、可见光、紫外线对眼睛的伤害。电光眼表现为角膜炎或结膜炎。

# 二、电流对人体作用及电流的划分

对于工频交流电，按照通过人体的电流大小而使人体呈现不同的状态，可将电流划分为三级。

## （一）感知电流

引起人的感觉的最小电流称感知电流，人接触这样的电流会有轻微麻感。实验表明，成年男性平均感知电流有效值为 1.1 mA，成年女性约为 0.7 mA。

感知电流一般不会对人体造成伤害，但是接触时间过长，表皮被电解而电流增大时，感觉增强，反应变大，可能造成坠落等间接事故。

### （二）摆脱电流

电流超过感知电流并被不断增大时，触电者会因肌肉收缩发生痉挛而紧握带电体，不能自行摆脱电源。人触电后能自行摆脱电源的最大电流称为摆脱电流。一般成年男性平均摆脱电流为 16 mA，成年女性约为 10.5 mA。

### （三）致命电流

在较短时间内危及生命的电流，称为致命电流。电流达到 50 mA 以上，就会引起心室颤动，有生命危险；100 mA 以上，则足以致死。而接触 30 mA 以下的电流通常不会有生命危险。

## 三、影响触电伤害程度的因素

触电的危险程度同很多因素有关，而这些因素是互相关联的，只要某种因素突出到相当程度，都会使触电者达到相应的危险程度。

### （一）电流的大小

一般通过人体的电流越大，人的生理反应越明显、越强烈，死亡危险性也越大。通过人体的电流强度取决于触电电压和人体电阻。

### （二）电流流过的途径

电流通过头部会使人立即昏迷，甚至死亡；电流通过脊髓，会导致半截肢体瘫痪；电流通过中枢神经，会引起中枢神经强烈失调，造成呼吸窒息而导致死亡。所以电流通过心脏、呼吸系统和中枢神经系统时，危险性最大。

电流通过人体路径常有：

（1）右手或左手到双脚。

（2）右手（左手）到左手（右手）。

（3）右脚（左脚）到左脚（右脚）。

（4）前胸到后背。

从外部来看，前胸到后背路径最为危险但只在特殊环境下才会产生，手至脚是触电最危险路径之一，脚至脚的触电对心脏影响最小。

### （三）持续时间

通电时间越长，电击伤害程度越严重。因为电流通过人体时间越长，触电后要发热出汗，而且电流对人体组织有电解作用，使人体电阻降低，导致电流很快增加；另外，心脏每收缩扩张一次有 0.1 s 的间歇，在这 0.1 s 内，心脏对电流最敏感，若电流在这一瞬间通过心脏，即使电流较小，也会引起心脏颤动，造成危险。

### （四）电流频率

常用的 50～60 Hz 的工频交流电对人体的伤害最严重；低于 20 Hz 时，危险性相对减小；2 000 Hz 以上时死亡危险性降低，但容易引起皮肤灼伤。直流电危险性比交流电小很多。

## 四、触电的形式

按照人体触及带电体的方式和电流流过人体的途径，触电可分为单相触电、两相触电和跨步电压触电。

### （一）单相触电

当人体直接碰触带电设备其中的一相时，电流通过人体流入大地，这种触电现象称为单相触电。对于高压带电体，人体虽未直接但由于超过了安全距离，高电压对人体放电，造成单相接地而引起的触电，也属于单相触电。

低压电网通常采用变压器低压侧中性点直接接地和中性点不直接接地（通过保护间隙接地）的接线方式，这两种接线方式发生单相电触电的情况如图 1-1 所示。

（a）中性点接地系统的单相触电　（b）中性点不接地系统的单相触电

图 1-1　单相触电

在低压中性点直接接地的电网中，单相电触电事故在地面潮湿时易于发生。

单相触电是危险的。如高压架空线断线，人体碰及断落的导线往往会导致触电事故。此外，在高压线路周围施工，未采取安全措施，碰及高压导线触电的事故也时有发生。

### （二）两相触电

两相触电如图 1-2 所示。人体同时接触三相供电系统中任意两根相线，或带电设备和线路中的两相导体，或在高压系统中人体同时接近不同相的两相带电导体时，而发生电弧放电，电流从一相导体通过人体流入另一相导体，构成一个闭合回路，这种触电方式称为两相触电。

发生两相触电时，作用于人体上的电压等于线电压，这种触电是最危险的。

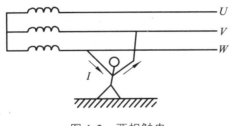

图 1-2 两相触电

## （三）跨步电压触电

跨步电压触电如图 1-3 所示。当电网或电气设备发生接地故障时，流入地中的电流在土壤中形成电位，地表面也形成以接地点为圆心的径向电位差分布，如果人行走时前后两脚（一般按 0.8 m 计算）电位差达到危险电压而造成触电，称为跨步电压触电。漏电处地电位的分布如图 1-3 所示，人走到离接地点越近，跨步电压越高，危险性越大。一般在距接地点 20 m 以外，可以认为地电位为零。在高压故障接地处，或有大电流流过接地装置附近，都可能出现较高的跨步电压，因此要求在检查高压设备的接地故障时，室内不得接近接地故障点 4 m 以内，室外不得接近故障点 8 m 以内。若进入上述范围，工作人员必须穿绝缘靴。

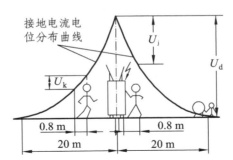

图 1-3 跨步电压与接触电压触电示意图

# 五、其他形式的触电

## （一）接触电压触电

接触电压触电是运行中的电气设备由于绝缘设施损坏或其他原因，造成接地短路故障。接地电流通过接地点向大地流散，从而在地面上距故障点距离不等的地方呈现出不同的电位。若有人用手触及漏电设备外壳时，将有一电压加在人的手和脚之间（称接触电压 $U_j$），如图 1-4 所示。接触电压值的大小随着人体站立的位置而异，当人体距离接地短路故障点越远时，接触电压值越大。当人体站在距离接地短路故障点 20 m 以外的地方触及漏电设备外壳时，接触电压达到最大值，等于漏电设备的对地电压，如图 1-4 所示。

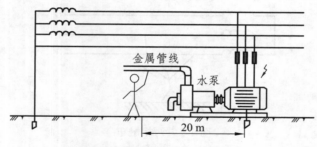

图 1-4 接触电压与人体位置图

## （二）感应电压触电

大气变化（如雷电活动）会产生感应电荷，还有一些停电后可能产生感应电压的设备未接临时接地线，这些设备和线路对地都存在感应电压。人触及这些带有感应电压的设备和线路时会造成触电事故，这种触电称为感应电压触电，如图 1-5 所示。

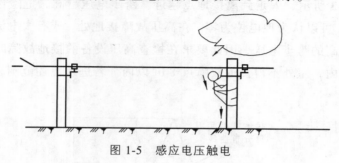

图 1-5 感应电压触电

## （三）剩余电荷触电

检修人员在检修或用绝缘电阻表摇测停电后的并联电容器、电力电缆线路、电力变压器及大容量电动机等设备时，由于检修、摇测前或摇测后没有对其充分放电，这些设备的导体上留有一定数量的剩余电荷。另外，并联电容器退出运行后未进行人工放电，它的极板上也将带有大量的剩余电荷。此时如触及这些带有电荷的设备，大量电荷将通过人体放电，造成触电事故，这种触电称为剩余电荷触电。为了防止这类触电事故的发生，对停电后的这些设备必须充分进行人工放电后才能进行检修工作。

## 六、触电事故规律

为防止触电事故，应当了解触电事故的规律。根据对触电事故的分析，从触电事故的发生率统计上看，可找到以下规律。

## （一）触电事故季节性明显

统计资料表明，每年 2、3 季度事故多，特别是 6～9 月，事故最为集中。其主要原因为，一是这段时间天气炎热、人体衣单而多汗，触电危险性较大；二是这段时间多雨、潮湿，地面导电性增强，容易构成电击电流的回路，而且电气设备的绝缘电阻降低，容易漏电；三是这段时间在大部分农村都是农忙季节，农村用电量增加，触电事故因而增多。

## （二）低压设备触电事故多

国内外统计资料表明，低压触电事故远远多于高压触电事故。其主要原因是低压设备远远多于高压设备，与之接触的人比与高压设备接触的人多得多，而且都比较缺乏电气安全知识。应当指出，在专业电工中，情况是相反的，即高压触电事故比低压触电事故多。

## （三）携带式设备和移动式设备触电事故多

携带式设备和移动式设备触电事故多的主要原因是这些设备是在人的紧握之下运行，不但接触电阻小，而且一旦触电就难以摆脱电源；另外，这些设备需要经常移动，工作条件差，设备和电源线都容易发生故障或损坏；此外，单相携带式设备的保护零线与工作零线容易接错，也会造成触电事故。

## （四）电气连接部位触电事故多

大量触电事故的统计资料表明，很多触电事故发生在接线端子缠接接头、压接接头、焊接接头、电缆头、灯座插销、插座控制开关、接触器、熔断器等分支线、接户线等处。主要是由于这些连接部位机械牢固性较差、接触电阻较大、绝缘强度较低以及可能发生化学反应的缘故。

## （五）错误操作和违章作业造成的触电事故多

大量触电事故的统计资料表明，有 85% 以上的事故是由于错误操作和违章作业造成的。其主要原因是安全教育不够、安全制度不严和安全措施不完善、操作者素质不高等。

## （六）不同行业触电事故不同

冶金、矿业、建筑、机械行业触电事故多。由于这些行业的生产现场经常伴有潮湿、高温、现场混乱、移动式设备和携带式设备多以及金属设备多等不安全因素，以致触电事故多。

## （七）不同年龄段的人员触电事故数量不同

中青年工人、非专业电工、合同工和临时工触电事故多。其主要原因是由于这些人是主要操作者，经常接触电气备；而且这些人经验不足，又比较缺乏电气安全知识，其中有的责任心还不够强，以致触电事故多。

## （八）不同地域触电事故数量不同

部分省市统计资料表明，农村触电事故明显多于城市，发生在农村的事故数量约为城市的 3 倍。

从造成事故的原因上看，由于电气设备或电气线路安装不符合要求，会直接造成触电事故；由于电气设备运行管理不当，使绝缘损坏而漏电，又没有切实有效的安全措施，也会造成触电事故；由于制度不完善或违章作业，特别是非电工擅自处理电气事务，很容易造成电气事故；接线错误，特别是插头、插座接线错误造成过很多触电事故；高压线断落地面可能造成跨步电压触电事故等。应当注意，很多触电事故都不是由单一原因引起的，而是由两个及两个以上的原因造成的。

　　触电事故的规律不是一成不变的。在一定的条件下，触电事故的规律也会发生一定的变化。例如，低压触电事故多于高压触电事故在一般情况下是成立的，但对于专业电气工作人员来说，情况是相反的。因此，应当在实践中不断分析和总结触电事故的规律，为做好电气安全工作积累经验。

# 七、作　业

（1）什么是触电？触电的形式有哪些？

（2）触电对人体的损害程度及危险性与哪些因素有关？

（3）防止触电事故的技术措施有哪些？

（4）触电事故有哪些规律？

# 项目三　触电的急救措施

## 任务一　如何让触电者脱离电源

【学习目标】

（1）掌握当发生触电事故时如何迅速使触电者脱离电源的方法。

（2）掌握让触电者脱离电源的方法。

**一、教师用模拟假人模拟触电者触电后的各种环境，让学生采用最为正确的方法使触电者迅速脱离电源。**

### （一）触电急救知识和方法

触电急救的要点是抢救迅速和救护得法，即用最快的速度在现场采取积极措施，保护触电者生命，减轻伤情，减少痛苦，并根据伤情需要迅速联系医疗救护等部门救治。一旦发现有人触电后，周围人员首先应迅速拉闸断电，尽快使其脱离电源，若周围有医护人员则应争分夺秒地抢救。

在施工现场发生触电事故后，应将触电者迅速抬到宽敞、空气流通的地方，使其平卧在硬板床上，采取相应的抢救方法。在送往医院的路途中都应该不间断地进行救护。在触电5 min之内抢救救活事故人的概率非常高，若6 min以后再去救人则生存概率较低。触电急救一定要有耐心，要一直抢救到触电者出现生命迹象为止，或经过医生确定停止抢救方可停止。因为低压触电者通常都是假死状态，采用科学的方法进行急救是必要的。

### （二）解救触电者脱离电源的方法

触电急救的第一步是使触电者迅速脱离电源，具体方法如表1-1所示。

表1-1　脱离电源的方法

| 电源类型 | 处理方法 | 实施方法 | 图　示 |
|---|---|---|---|
| 低压电源 | 拉 | 附近有电源开关或插座时，应立即拉下开关或拔掉电源插头 | |

续表

| 电源类型 | 处理方法 | 实施方法 | 图　示 |
|---|---|---|---|
| 低压电源 | 切 | 若一时找不到断开电源的开关时,应迅速用绝缘完好的钢丝钳或断线钳剪断电线,以切开电源 | |
| | 挑 | 对于由导线绝缘损坏造成的触电,急救人员可用绝缘工具、干燥的木棒等将电线挑开 | |
| | 拽 | 急救人员可戴上手套或在手上包缠干燥的衣服等绝缘物品拖拽触电者;也可站在干燥的木板、橡胶垫等绝缘物品上,用一只手将触电者拖拽开来 | |
| | 垫 | 如果电流通过触电者入地,并且触电者紧握导线,可设法将木板塞到身下,与地隔离 | |
| 高压电源 | 拉闸 | 戴上绝缘手套,穿上绝缘靴,拉开高压断路器 | |

## （三）解救触电者脱离电源后触电状态的判断方法

具体方法如表 1-2 所示。

表 1-2　触电者触电后的状态判断

| 急救方法 | 实施方法 | 图　示 |
|---|---|---|
| 简单诊断 | （1）将脱离电源的触电者迅速移至通风、干燥处，将其仰卧，松开上衣和裤带。<br>（2）观察触电者的瞳孔是否放大。当处于假死状态时，人体大脑细胞严重缺氧，处于死亡边缘，瞳孔自行放大。<br>（3）观察触电者有无呼吸存在，摸一摸颈部的颈动脉有无搏动 | 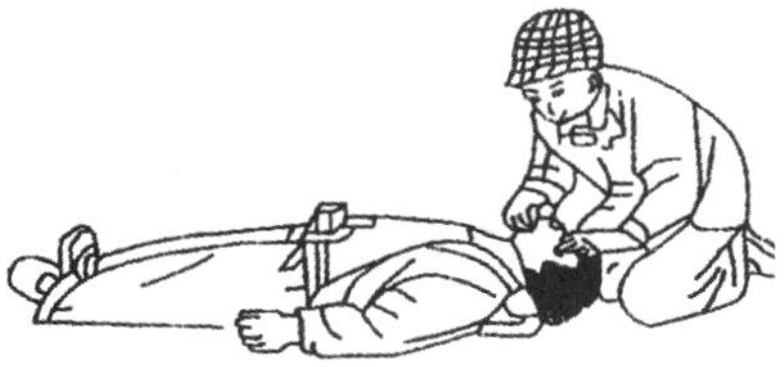 <br>（1） 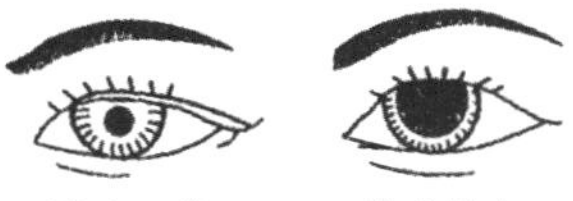<br>瞳孔正常　瞳孔放大<br>（2） 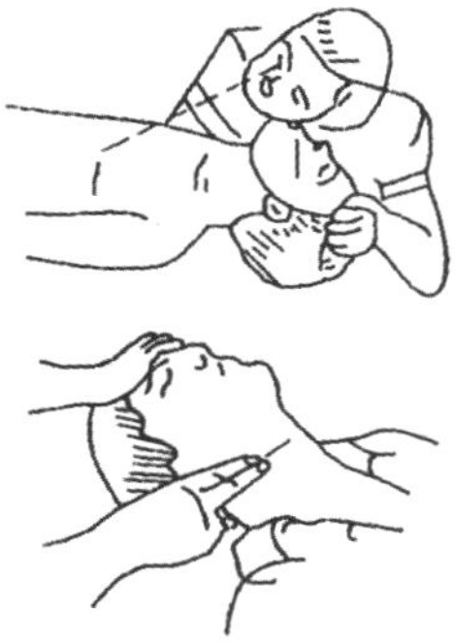<br>（3） |

## 二、技能训练

教师用模拟假人模拟上述情况中的其中一种触电环境，让学生采取正确的方法对触电者进行电源的脱离并进行触电者触电后的状态判断。

急救的安全要求：

（1）不得损坏模拟人。

（2）应对模拟人进行消毒。

## 三、考　核

1．考核所需材料、设备

（1）设备：智能模拟假人 1 套。

（2）材料：棉纱、医用酒精。

2．考核时间

参考时间为 20 min。

3．考核要点

（1）处理触电者脱离电源的方法是否正确，断电操作过程是否正确。

（2）触电者状态判断方法是否得当，熟练。

## 四、考核标准及评分

| 姓　名 | | 工作单位 | | | |
|---|---|---|---|---|---|
| 操作时间 | | 时　　分至　　时　　分 | | 累计用时： | |
| 评分标准 | | | | | |
| 序号 | 考核项目 | 考核内容 | 配分 | 扣分 | 得分 |
| 1 | 触电环境的判断 | 仔细观察触电者触电后的状态及环境情况，迅速做出判断 | 15 | | |
| 2 | 采用何种方法进行断电 | 在做出判断后采用什么方法进行救助 | 15 | | |
| 3 | 断电的具体操作过程 | 具体操作过程 | 30 | | |
| 4 | 触电者状态判断过程 | 具体操作过程 | 30 | | |
| 5 | 安全文明生产 | 当心救助者是否会产生二次触电的危险 | 10 | | |
| 指导教师 | | | 总分： | | |

## 五、作　业

（1）当有人触电时，应采取哪些方法使触电者立即脱离电源？

（2）如何判断触电者触电后的状态？

## 任务二　口对口（鼻）人工呼吸法急救

【学习目标】

（1）理解心肺复苏法中的人工呼吸法。

（2）掌握人工呼吸法操作步骤及动作要领。

## 一、教师用模拟假人模拟触电者触电后出现无呼吸的状况

略。

## 二、判断方法

判断方法如表 1-3 所示。

表 1-3　人工呼吸法急救步骤及方法

| 说　明 | 步　骤 | 图　示 |
|---|---|---|
| 对"有心跳而呼吸停止"的触电者，应采用"口对口人工呼吸法"进行急救 | （1）将触电者仰天平卧，颈部枕垫软物，头部偏向一侧，松开衣服和裤带，清除触电者口中的血块、假牙等异物。抢救者跪在病人的一边，使触电者的鼻孔朝天后仰。<br><br>（2）用一只手捏紧触电者的鼻子，另一只手托在触电者颈后，将颈部上抬，深深吸一口气，用嘴紧贴触电者的嘴，大口吹气。<br><br>（3）放松捏着鼻子的手，让气体从触电者肺部排出，如此反复进行，每 5 s 吹气一次，坚持连续进行，不可间断，直到触电者苏醒为止。<br><br>（4）采用口对鼻人工呼吸法的示意图 | 清理口腔阻塞<br><br>鼻孔朝天头后仰<br><br>（1）<br><br>贴嘴吹气胸扩张<br><br>（2）<br><br>放开嘴鼻好换气<br><br>（3）<br><br>（4） |

## 三、技能训练

教师用模拟假人模拟触电者触电后状态为有心跳无呼吸情况，让学生采取上述方法对触电者进行人工呼吸救助。

急救的安全要求：

（1）不得损坏模拟人。

（2）应对模拟人进行消毒。

## 四、考　核

### 1．考核所需材料、设备

（1）设备：智能模拟假人1套。

（2）材料：棉纱、医用酒精。

### 2．考核时间

参考时间为20 min。

### 3．考核要点

口对口（鼻）人工呼吸法急救方法的过程是否正确，动作是否规范。

## 五、考核标准及评分

| 姓　名 | | | 工作单位 | | | |
|---|---|---|---|---|---|---|
| 操作时间 | | 时　　　分至　　　时　　　分 | | | 累计用时： | |
| 评分标准 | | | | | | |
| 序号 | 考核项目 | 考核内容 | | 配分 | 扣分 | 得分 |
| 1 | 判断意识 | 未摇双肩、未呼唤、未拍人中穴、掐压不稳、未看瞳孔，每项扣2分；<br>时间少于5 s、动作过重或过轻，每项扣1~2分 | | 10 | | |
| 2 | 判断呼吸 | 未贴近触电者口鼻判断呼吸，扣2分；<br>未用眼睛观看触电者的胸部起伏，扣2分；<br>判断时间少于5 s，扣2分 | | 15 | | |
| 3 | 报告伤情 | 叙述不准确、语言不清晰，每项扣1~2分 | | 5 | | |
| 4 | 确定病情 | 判断方法不正确，扣5分；<br>急救方法不正确，扣5分 | | 10 | | |

| 序号 | 考核项目 | 考核内容 | 配分 | 扣分 | 得分 |
|------|----------|----------|------|------|------|
| 5 | 口对口呼吸 | 清理动作不规范，未拉开气道或方法不正确，每项扣2分；<br>吹气时未捏住鼻孔、未包住触电者口、未侧头吸气吹气、完毕后未松开鼻孔，每项扣2分；<br>无效吹气一次、多吹一次或少吹一次，每项扣2分；<br>每次吹气应持续2 s左右，否则扣2分 | 20 | | |
| 6 | 再次判断 | 清理动作不规范，未拉开气道或方法不正确，每项扣2分；<br>吹气时未捏住鼻孔、未包住触电者口、未侧头吸气吹气、完毕后未松开鼻孔，每项扣2分；<br>无效吹气一次、多吹一次或少吹一次，每项扣2分；<br>每次吹气应持续2 s左右，否则扣2分 | 10 | | |
| 7 | 抢救情况 | 未抢救成功扣20分 | 20 | | |
| 8 | 文明生产 | 损坏设备视情节轻重扣5～10分；<br>态度认真、着装整齐、仪表端庄，否则每项扣1分 | 10 | | |
| 指导教师 | | | 总分： | | |

# 六、作　业

（1）当有人触电后，出现只有心跳没有呼吸的情况如何进行抢救？

（2）人工呼吸法抢救的注意事项有哪些？

## 拓展知识　单人徒手心肺复苏术操作流程

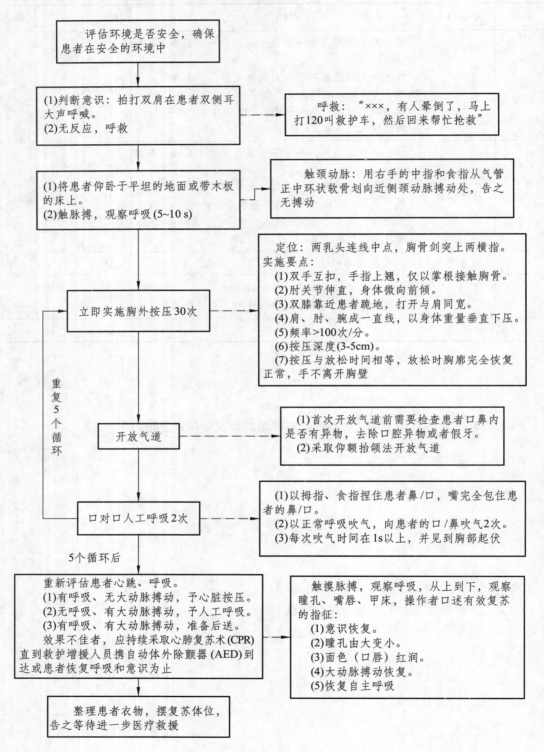

评估环境是否安全，确保患者在安全的环境中

(1)判断意识：拍打双肩在患者双侧耳大声呼喊。
(2)无反应，呼救

呼救："×××，有人晕倒了，马上打120叫救护车，然后回来帮忙抢救"

(1)将患者仰卧于平坦的地面或带木板的床上。
(2)触脉搏，观察呼吸(5~10 s)

触颈动脉：用右手的中指和食指从气管正中环状软骨划向近侧颈动脉搏动处，告之无搏动

立即实施胸外按压30次

定位：两乳头连线中点，胸骨剑突上两横指。
实施要点：
(1)双手互扣，手指上翘，仅以掌根接触胸骨。
(2)肘关节伸直，身体微向前倾。
(3)双膝靠近患者跪地，打开与肩同宽。
(4)肩、肘、腕成一直线，以身体重量垂直下压。
(5)频率>100次/分。
(6)按压深度(3-5cm)。
(7)按压与放松时间相等，放松时胸廓完全恢复正常，手不离开胸壁

重复5个循环

开放气道

(1)首次开放气道前需要检查患者口鼻内是否有异物，去除口腔异物或者假牙。
(2)采取仰额抬颌法开放气道

口对口人工呼吸2次

(1)以拇指、食指捏住患者鼻/口，嘴完全包住患者的鼻/口。
(2)以正常呼吸吹气，向患者的口/鼻吹气2次。
(3)每次吹气时间在1s以上，并见到胸部起伏

5个循环后

重新评估患者心跳、呼吸。
(1)有呼吸、无大动脉搏动，予心脏按压。
(2)无呼吸、有大动脉搏动，予人工呼吸。
(3)有呼吸、有大动脉搏动，准备后送。
效果不佳者，应持续采取心肺复苏术(CPR)直到救护增援人员携自动体外除颤器(AED)到达或患者恢复呼吸和意识为止

触摸脉搏，观察呼吸，从上到下，观察瞳孔、嘴唇、甲床，操作者口述有效复苏的指征：
(1)意识恢复。
(2)瞳孔由大变小。
(3)面色（口唇）红润。
(4)大动脉搏动恢复。
(5)恢复自主呼吸

整理患者衣物，摆复苏体位，告之等待进一步医疗救援

# 任务三 胸外心脏按压法急救

## 【学习目标】

（1）理解心肺复苏法中的胸外心脏按压法。
（2）掌握胸外心脏按压法操作步骤及动作要领。

## 一、教师用模拟假人模拟触电者触电后出现无心跳的状态

略。

## 二、判断方法

判断方法如表 1-4 所示。

表 1-4　胸外心脏按压法急救步骤及方法

| 急救方法 | 实施方法 | 图　示 |
|---|---|---|
| 对"有呼吸而心跳停止"的触电者，应采用"胸外心脏挤压法"进行急救 | （1）将触电者仰卧在硬板上或地上，颈部枕垫软物使头部稍后仰，松开衣服和裤带，急救者跪跨在触电者腰部。<br><br>（2）急救者将右手掌根部按于触电者胸骨下 1/2 处，中指指尖对准其颈部凹陷的下缘，当胸一手掌，左手掌复压在右手背上<br><br>（3）掌根用力下压 3～4 cm，然后突然放松。挤压与放松的动作要有节奏，每 1 s 进行一次，必须坚持连续进行，不可中断，直到触电者苏醒为止 | （1）<br><br>压区<br>中指对凹膛，当胸一掌<br><br>掌根用力向下压<br>（2）<br><br>慢慢向下<br><br>突然放<br>（3） |

| 急救方法 | 实施方法 | 图　示 |
|---|---|---|
| 　对"呼吸和心跳都已停止"的触电者，应同时采用"口对口人工呼吸法"和"胸外心脏挤压法"进行急救 | 　（1）一人急救：两种方法应交替进行，即吹气 2～3 次，再挤压心脏 10～15 次，且速度都应快些。<br>　（2）两人急救：每 5 s 吹气一次，每 1 s 挤压一次，两人同时进行 | <br>（1）<br><br>（2） |
| 注意事项 | （1）不能打肾上腺素等强心针。<br>（2）不能泼冷水。<br>（3）不能采用电击法急救 | <br>（1）<br><br>（2）<br><br>（3） |

## 三、技能训练

教师用模拟假人模拟触电者触电后状态为有呼吸无心跳情况，让学生采取上述方法对触电者进行人工呼吸救助。

急救的安全要求：

（1）不得损坏模拟人。

（2）应对模拟人进行消毒。

## 四、考　核

1．考核所需材料、设备

（1）设备：智能模拟人 1 套。

（2）材料：棉纱、医用酒精。

2．考核时间

参考时间为 20 min。

3．考核要点

（1）现场诊断的方法是否正确。

（2）整个急救过程动作是否熟练、准确。

（3）是否养成安全文明生产的好习惯。

## 五、考核标准及评分

| 姓　名 | | 工作单位 | | | |
|---|---|---|---|---|---|
| 操作时间 | | 时　　分至　　时　　分 | | 累计用时： | |
| 评分标准 | | | | | |
| 序号 | 考核项目 | 考核内容 | 配分 | 扣分 | 得分 |
| 1 | 判断意识 | 未摇双肩、未呼唤、未拍人中穴、掐压不稳、未看瞳孔，每项扣 2 分；<br>时间少于 5 s，动作过重或过轻，每项扣 1~2 分 | 5 | | |
| 2 | 判断呼吸 | 未贴近触电者口鼻判断呼吸，扣 2 分；<br>未用眼睛观看触电者的胸部起伏，扣 2 分；<br>判断时间少于 5 s，扣 2 分 | 10 | | |
| 3 | 判断心跳 | 触摸颈动脉方法、位置（喉结旁 2~3 cm）错误，扣 3 分；<br>触摸时间少于 5 s，扣 3 分 | 10 | | |

续表

| 序号 | 考核项目 | 考核内容 | 配分 | 扣分 | 得分 |
|---|---|---|---|---|---|
| 4 | 报告伤情 | 叙述不准确、语言不清晰，每项扣1~2分 | 5 | | |
| 5 | 确定病情 | 判断方法不正确，扣5分；<br>急救方法不正确，扣5分 | 10 | | |
| 6 | 口对口呼吸 | 清理动作不规范、未拉开气道或方法不正确，每项扣2分；<br>吹气时未捏住鼻孔、未包住触电者口、未侧头吸气吹（气）完毕后未松开鼻孔，每项扣2分；<br>无效吹气一次、多吹一次或少吹一次，每项扣2分；<br>每次吹气应持续2 s左右，否则扣2分 | 10 | | |
| 7 | 胸外心脏按压 | 按压点剑突底部方法错误、手指未翘起、双臂未伸直、按压未垂直，每项扣2分；<br>按压幅度（胸骨下陷了3~5 cm）不够或频率（80~100次/分）不对，每项扣2分；<br>放松时掌根未离开胸骨、无效按压一次、多按压或少探压一次，每项扣1分；<br>按压每周期开始前均要找准按压点，否则扣2分 | 10 | | |
| 6 | 再次判断 | 按压点剑突底部方法错误、手指未翘起、双臂未伸直、按压未垂直，每项扣2分；<br>按压幅度（胸骨下陷了3~5 cm）不够或频率（80~100次/分）不对，每项扣2分；<br>放松时掌根未离开胸骨、无效按压一次、多按压或少探压一次，每项扣1分；<br>按压每周期开始前均要找准按压点，否则扣2分 | 10 | | |
| 8 | 抢救情况 | 伤者心跳、呼吸情况，考核要求同上 | 20 | | |
| 9 | 文明生产 | 损坏设备视情节轻重扣5~10分；<br>态度认真、着装整齐、仪表端庄，否则每项扣1分 | 10 | | |
| 指导教师 | | | 总分： | | |

# 六、作 业

（1）当有人触电后，出现只有呼吸没有心跳的情况如何进行抢救？

（2）人工呼吸法抢救的注意事项有哪些？

# 项目四 电气灭火基本知识及操作

【学习目标】

（1）了解电气火灾的相关常识。
（2）了解电气火灾的预防措施。

## 一、电气火灾形成的主要原因

大量电气火灾的事实告诉我们，电气火灾形成的主要原因是电气线路和电气设备的选用不当，安装不合理，操作失误，违章操作，长期过负荷等引起的电弧、电火花和局部发热导致的。

## 二、电气火灾发生的特点

电气火灾与一般性火灾相比，有两个突出的特点：
（1）着火后电气装置可能仍然带电，且因电气绝缘损坏或带电导线断落等发生接地短路事故，在一定范围内存在着危险的接触电压和跨步电压，灭火时如不注意或未采取适当的安全措施，会引起触电伤亡事故。
（2）有些电气设备本身充有大量的油，例如变压器、油开关、电容器等，受热后有可能喷油，甚至爆炸，造成火灾蔓延并危及救火人员的安全。所以，扑灭电气火灾，应根据起火的场所和电气装置的具体情况，做一些特殊规定。
电气火灾对国家和人民生命财产有很大威胁，因此，应贯彻预防为主的方针，防患于未然；同时，还要做好扑救电气火灾的充分准备。用电单位发生电气火灾时，应立即组织人员使用正确方法进行扑救，同时向消防部门报警。

## 三、扑灭电气火灾的安全措施

### （一）发生电气火灾时，应尽可能先切断电源，然后再灭火，以防人身触电

切断电源应注意以下几点：
（1）停电时，应按规程所规定的程序进行操作，防止带负荷拉闸。
（2）切断带电线路电源时，切断点应选择在电源侧的支持物附近，以防导线断落后触及人体或短路。

（3）夜间发生电气火灾，切断电源时，应考虑临时照明措施。

### （二）扑救电气火灾的特殊安全措施

发生电气火灾，如果由于情况危急为争取灭火时机，或因其他原因不允许和无法及时切断电源时，就要带电灭火。为防止人身触电，应注意以下几点：

（1）扑救人员与带电部分应保持足够的安全距离。

（2）高压电气设备或线路发生接地，在室内，扑救人员不得进入故障点 4 m 以内的范围；在室外，扑救人员不得进入故障点 8 m 以内的范围。进入上述范围的扑救人员必须穿绝缘靴。

（3）应使用不导电的灭火剂，例如二氧化碳和化学干粉灭火剂，因泡沫灭火剂导电，带电灭火时应严禁使用。

### （三）充油电气设备的灭火措施

充油电气设备着火时，应立即切断电源，然后扑救灭火。备有事故贮油池时，则应设法将油放入池内，池内的油火可用干粉扑灭。池内或地面上的油火不得用水喷射，以防油火飘浮水面而蔓延。

## 四、电气线路的防火措施

### （一）架空线路的安全措施

（1）架空线必须采用绝缘导线。

（2）架空线必须架设在专用电杆上，严禁架设在树木、脚手架及其他设施上。

（3）架空线在一个档距内，每层导线的接头数不得超过该层导线条数的 50%，且一条导线应只有一个接头；在跨越铁路、公路、河流、电力线路档距内，架空线不得有接头。

（4）架空线路的档距不得大于 35 m。

（5）架空线路的线间距不得小于 0.3 m。靠近电杆的两导线的间距不得小于 0.5 m。

（6）电杆埋设深度宜为杆长的 1/10 加 0.6 m，回填土应分层夯实。在松软土质处宜加大埋入深度或采用卡盘等加固。

（7）架空线路必须有短路保护。

采用熔断器做短路保护时，其熔体额定电流不应大于明敷绝缘导线长期连续负荷允许载流量的 1.5 倍。

采用断路器做短路保护时，其瞬动过流脱扣器脱扣电流整定值应小于线路末端单相短路电流。

（8）架空线路必须有过载保护。

采用熔断器或断路器做过载保护时，绝缘导线长期连续负荷允许载流量不应小于熔断器熔体额定电流或断路器长延时过流脱扣器脱扣电流整定值的 1.25 倍。

### （二）屋内布线的防火措施

屋内布线多使用绝缘导线，绝缘导线的绝缘强度应符合电源电压的要求，电源电压为 380 V 的应采用额定电压为 500 V 的绝缘导线，电源电压为 220 V 的应采用额定电压为 250 V 的绝缘导线。此外，屋内布线还必须满足机械强度和连接方式的要求。

导线类型的选择是根据使用环境确定，一般场所可采用一般绝缘导线，特殊场所应采用特殊绝缘导线。

由于三、四级耐火等级建筑物的闷顶内可燃建筑构件较多，有的还有易燃的保温材料，发生火灾时会迅速蔓延扩大，而平时对闷顶内的线路进行维护管理也不方便，所以在闷顶布线时要用金属管保护。

采用一般绝缘导线，应尽量避免在温度较高的管道或设备的表面敷设。

## 五、变压器的火灾原因及防火措施

引起变压器火灾的主要原因是：

（1）变压器超负荷运行，引起温度升高，造成绝缘不良，变压器铁心叠装不良或芯片间绝缘老化，引起铁损增加，造成变压器过热。

（2）变压器线圈受机械损伤或受潮，引起层间或匝间短路，产生高热。

（3）变压器油箱、套管等渗油、漏油，形成表面污垢，遇明火燃烧。

（4）变压器接线、分接开关等处接触不良，造成局部过热等。

预防变压器火灾的主要措施有：

（1）在安装前，注意检查变压绝缘情况，保证各部绝缘良好，保证变压器额定电压与电源电压一致。

（2）安装时要注意接线牢固，接地可靠。

（3）运行中要注意变压器电流电压的测量，防止过负荷运行。

（4）平时要加强对变压器各零部件的检查，发现有破损、漏油等异常现象应及时处理。

（5）控制油温度在 85 ℃ 以下，对油定期抽样化验，发现变质或酸量超过规定值时要及时更换处理。

对变压器采取防火的同时，对变压器室也应采取相应的防火措施：

（1）油浸电力变压器室应采用一级耐火等级的建筑，门为非燃烧体或难燃烧体。

（2）油浸变压器一般应安装在变压器室内，并应有贮油设施。

（3）变压器室内应有良好的自然通风，室内温度不应超 45 ℃。如果室温过高，可采用机械通风。

（4）变压器外壳及墙壁间距应留有一定的距离，并符合有关要求。

（5）变压器室内不允许堆放其他物品，并应保持清洁，地面无油污和积水。

## 六、电动机的火灾原因及防火措施

### （一）电动机的火灾原因

（1）绕组短路。

（2）超负荷。

（3）三相电动机两相运行，俗称"缺相"。

（4）转动不灵。

（5）选用不当。

（6）摩擦生热。

### （二）电动机的防火措施

（1）根据使用环境的特征，选用相应的电动机。

（2）电动机应安装在非燃烧材料的基座上。

（3）电动机上必须装置独立的操作开关，安装适当的短路、过载失压和控温等保护装置。

（4）电动机所配用电源线靠近电动机的一段，必须做金属软管线或塑料套或塑料管保护。

（5）电动机启动次数不能太多。

（6）加强对电动机的管理监视。

## 七、电焊的火灾原因及防火措施

### （一）电焊的火灾原因

#### 1. 电焊设备和线路出现危险温度

危险温度是电气设备（如弧焊变压器）和线路过热造成的。电焊设备在运行中总是要发热的，对于结构性能正常和稳定运行的电焊设备，当发热和散热平衡时，其最高温度和最高温升（即最高温度与周围环境温度之差）都不会超过某一允许范围。这就是说，电焊设备正常的发热是允许的。但是当其正常运行遭到破坏时发热量增加引起温度升高，就有可能引起火灾。

引起电焊设备过热的不正常运行大致有以下几种原因：

（1）短路。焊接电源绝缘层的老化变质，受到高温、潮湿和腐蚀作用而失去绝缘能力，绝缘导线直接缠绕、勾挂在铁器上，由于磨损或导电性粉尘、纤维进入电焊设备以及接线和操作失误等，都可能造成短路事故。

（2）超负荷（过载）。允许连续通过而不致使线过热的电流量，称为导线的安全电流，超过电流安全值，则称为导线超负荷。它将使导线过热而加速绝缘层老化，甚至变质损坏引起短路着火事故。

（3）接触不良。接触部位（如导线与导线的连接，或导线与接线柱的连接）是电路中的薄弱环节，也是发生过热的主要部位。由于接触表面粗糙不平，出现氧化皮或连接不牢等原因造成的接触不良，会引起局部接触电阻过大而产生过热，使得导线、电缆的金属芯变色甚至熔化，并能引起绝缘材料、可燃物质或积留的可燃性灰尘燃烧。

（4）其他原因。通风不好、散热不良等可造成电焊过热；弧焊变压器的铁心绝缘损坏或长时间过电压，使涡流损耗和磁滞增加也可引起过热等。

**2．电火花和电弧**

电火花是电极间击穿放电的结果，电弧是电极间持久有力的放电现象。电火花和电弧的温度都很高，不仅能引起可燃物燃烧，还能使金属熔化、飞溅，构成危险火源。不少电焊火灾爆炸事故都是由此引起的。

电火花分为工作火花和事故火花两类。工作火花是电焊设备正常工作或正常焊接操作中产生的火花，如直流弧焊发电机电刷与整流子滑动接触处的火花、闪光对焊时的火花等。事故火花包括线路或设备发生故障时出现的火花，如由于焊接电缆连接处松动而产生的火花等。此外，在电焊操作过程中还会有由于熔融金属的飞溅以及因电气火灾与爆炸而发生的灼烫事故。

**（二）电焊的防火措施**

（1）严格施工场所的安全管理，逐级落实安全责任制，人员分工职责明确，加强对进场电焊施工操作的人员的审查，在安全措施上严格把好关。

（2）离电焊作业点 5 m 以内无易燃物品，10 m 以内不得有乙炔发生器或氧气瓶。

（3）不得在储存汽油、煤油等易燃物品的容器上进行焊接作业。

（4）焊接管子时，管子两端应打开。

（5）施工作业结束后要立即消除火种，彻底清理工作现场，并进行一段时间的监护，没有问题再离开现场，做到不留死角。

（6）施工单位必须使用经国家正式培训考试合格的电焊工。

# 八、作　业

（1）电气火灾的特点是什么？

（2）当发生电气火灾时如何采取正确的灭火措施？

# 项目五  灭火器的种类及使用方法

【学习目标】

（1）掌握各种灭火器的使用方法。

（2）掌握各种灭火器的操作步骤。

## 一、灭火器的种类

### （一）按充装的灭火剂类型分类

#### 1．干粉类的灭火器

充装的灭火剂主要有两种，即碳酸氢钠和磷铵盐灭火剂。

#### 2．二氧化碳灭火器

灭火器中的二氧化碳灭火剂价格低廉，获取、制备容易，其主要依靠窒息作用灭火。

#### 3．泡沫型灭火器

泡沫灭火器，灭火原理是灭火时，能喷射出大量二氧化碳及泡沫，它们能黏附在可燃物上，使可燃物与空气隔绝，达到灭火的目的。泡沫灭火器分为：手提式泡沫灭火器、推车式泡沫灭火器和空气式泡沫灭火器三种。

#### 4．水型灭火器

水型灭火器内部装有 AFF 水膜泡沫灭火剂和氮化，火灾发生时，对着燃烧物喷射后，形成一片细水雾使可燃物与空气中的氧化隔绝阻止可燃物燃烧。

#### 5．卤代烷型灭火器（俗称"1211"灭火器和"1301"灭火器）

卤代烷型灭火器主要通过抑制燃烧的化学反映过程，使燃烧中断达到灭火目的。其作用是夺取燃烧连锁反应中的活泼性物质，这一过程称为断链过程或抑制过程。由于完成这一化学过程所需时间往往比较短，所以灭火也就比较迅速。

### （二）按驱动灭火器的压力形式分类

#### 1．贮气式灭火器

贮气式灭火器是由灭火器上的贮气瓶释放的压缩气体或液化气体产生的压力驱动的灭火器。

#### 2．贮压式灭火器

贮压式灭火器是由灭火器同一容器内的压缩气体或灭火蒸气的压力驱动的灭火器。

3．化学反应式灭火器

化学反应式灭火器是由灭火器内化学反应产生的气体压力驱动的灭火器。

## 二、不同类型的火灾灭火器的选择

（1）扑救 A 类火灾即固体燃烧的火灾应选用水型、泡沫、磷酸铵盐干粉、卤代烷型灭火器。

（2）扑救 B 类即液体火灾和可熔化的固体物质火灾应选用干粉、泡沫、卤代烷、二氧化碳型灭火器（这里值得注意的是，化学泡沫灭火器不能扑灭 B 类极性溶性溶剂火灾，因为化学泡沫与有机溶剂接触后，泡沫会迅速被吸收，使泡沫很快消失，这样就不能起到灭火的作用。醇、醛、酮、醚、酯等都属于极性溶剂）。

（3）扑救 C 类火灾即气体燃烧的火灾应选用干粉、卤代烷、二氧化碳型灭火器。

（4）扑救带电火灾应选用卤代烷、二氧化碳、干粉型灭火器。

（5）扑救带电火灾和电气设备火灾应选用磷酸铵盐干粉、卤代烷型灭火器。

（6）对 D 类火灾即金属燃烧的火灾，就我国目前情况来说，还没有定型的灭火器产品。目前国外灭 D 类火灾的灭火器主要有粉装石墨灭火器和灭金属火灾专用干粉灭火器。在国内尚未定型生产此类灭火器和灭火剂情况下可采用干砂或铸铁沫灭火。

## 三、常见灭火器的使用方法及其标志的识别

在我国常见的手提式灭火器只有三种：手提式干粉灭火器、手提式二氧化碳灭火器和手提式卤代烷型灭火器，其中卤代烷型灭火器由于对环境保护有影响，已不提倡使用。目前，在宾馆、饭店、影剧院、医院、学校等公众聚集场所使用的多数是磷酸铵盐干粉灭火器（俗称"ABC 干粉灭火器"）和二氧化碳灭火器，在加油、加气站等场所使用的是碳酸氢钠干粉灭火器（俗称"BC 干粉灭火器"）和二氧化碳灭火器。

## 四、灭火器的使用方法

灭火器使用方法如表 1-5 所示。

表 1-5　灭火器使用方法

| 名称 | 使用方法 | 图示 |
|---|---|---|
| 泡沫灭火器 | 筒身内悬挂装有硫酸铝水溶液的玻璃瓶或聚乙烯塑料制的瓶胆，其内装有碳酸氢钠与发沫剂的混合溶液。使用时将筒身颠倒过来，碳酸氢钠与硫酸两溶液混合后发生化学作用，产生二氧化碳气体泡沫由喷嘴喷出。使用时，必须注意不要将筒盖、筒底对着人体，以防万一爆炸伤人，泡沫灭火器只能立着放置。<br>泡沫灭火器适用于扑救油脂类、石油类产品及一般固体物质的初起火灾，筒内溶液一般一周年更换一次 | <br>（a）普通式结构　　（b）使用方法<br>1—喷嘴；2—筒盖；3—螺母；<br>4—瓶胆盖；5—瓶胆；<br>6—筒身<br>泡沫灭火器示意图 |

| 名称 | 使用方法 | 图示 |
|---|---|---|
| 二氧化碳灭火器 | 二氧化碳成液态灌入钢瓶内，在 20 ℃ 时钢瓶内的压力为 6 MPa，使用时液态二氧化碳从灭火器喷出后迅速蒸发，变成固定雪花状的二氧化碳，称为干冰，其温度为 −78 ℃。固体二氧化碳在燃烧物体上迅速挥发而变成气体。当二氧化碳气体在空气含量达到 30%～35% 时，物质燃烧就会停止。<br>　　二氧化碳灭火器主要适用于扑救贵重设备、档案材料、仪器仪表、额定电压 600 V 以下的电器及油脂等火灾。不适用于扑灭金属钾、钠的燃烧。它分为手轮式和鸭嘴式两种手提灭火器，大容量的有推车式。<br>　　鸭嘴式二氧化碳灭火器用法：一手拿喷桶对准火源，一手握紧鸭舌，气体即可喷出。二氧化碳导电性差，电压超过 600 V 必须先停电再灭火。二氧化碳怕高温，存放点温度不应超过 42 ℃。使用时不要用手摸金属导管，也不要把喷桶对着人，以防冻伤，喷射方向应顺风。<br>　　一般每季检查一次，当二氧化碳重量比额定重量少 1/10 时应灌装 | <br>（a）结构图　　（b）使用方法<br>1—启闭阀门；2—器桶；3—虹吸管；<br>4—喷筒<br>鸭嘴式二氧化碳灭火器示意图 |
| 干粉灭火器 | 　　干粉灭火器主要适用于扑救石油及其产品、可燃气体和电气设备的初起火灾。<br>　　使用干粉灭火器先打开保险销，把喷管口对准火源，另一手握紧导杆提环，将顶针压下，干粉即喷出。<br>　　干粉灭火器应保持干燥、密封，以防止干粉结块，同时应防止日光暴晒，以免二氧化碳受热膨胀而发生漏气，干粉灭火器有手提和推车式两种 | <br>（a）构造　　（b）使用方法<br>1—进气管；2—喷管；3—出粉管；4—钢瓶；5—粉筒；6—筒盖；7—后把；8—保险销；9—提把；10—钢字；11—防潮堵<br>干粉灭火器示意图 |
| 1211灭火器 | 　　1211 灭火器钢瓶内装满二氟—氯—溴甲烷的卤化物，是一种使用较广的灭火器，分手提式和手推式两种。适用于扑救油类、精密机械设备、仪表、电子仪表、设备及文物、图书、档案等贵重物品初起火灾。使用时，拔掉保险销，握紧压把开关，用压杆把密封阀开启，在氮气压力作用下，灭火器喷出，松开压把开关，喷射即停止。<br>　　灭火器不能放置在日照、火烤、潮湿的地方，还要防止剧烈震动和碰撞。每月检查压力表，低于额定压力 90% 时应重新充氮，重量低于标明值 90%，重新灌药 | <br>（a）构造　　（b）使用方法<br>1—筒身；2—喷嘴；3—压把；4—安全销<br>1211 手提式灭火器示意图 |

## 五、技能训练

　　教师用特种作业消防灭火仿真实训装置模拟电气设备故障造成的火灾，学生选择合适的灭火器型号以及采用正确方法操作灭火器灭火。

## 六、考 核

1．考核所需材料、设备

（1）设备：各种型号的灭火器各 1 个。

（2）灭火仿真设备。

2．考核时间

参考时间为 10 min。

3．考核要点

（1）现场诊断的方法是否正确。

（2）救火过程及方法是否正确。

（3）整个灭火过程动作是否熟练、准确。

（4）是否养成安全文明生产的好习惯。

4．考核标准及评分

| 姓　名 | | 工作单位 | | | |
|---|---|---|---|---|---|
| 操作时间 | | 时　　分至　　时　　分 | | 累计用时： | |
| 评分标准 | | | | | |
| 序号 | 考核项目 | 考核内容 | 配分 | 扣分 | 得分 |
| 1 | 灭火器的选择 | 根据不同环境选用的灭火器是否正确 | 30 | | |
| 2 | 灭火器使用 | 各种灭火器使用方法及操作过程是否正确，每错一次扣 5 分 | 30 | | |
| 3 | 灭火过程 | 整个灭火过程动作是否熟练、准确，每错一次扣 5 分 | 30 | | |
| 4 | 安全文明生产 | 是否出现灭火过程中的设备损坏，是否出现新的危险行为 | 10 | | |
| 指导教师 | | | 总分： | | |

## 七、作 业

（1）电气设备如何灭火，灭火过程中的注意事项是什么？

（2）简述灭火器中干粉灭火器使用方法？

# 模块二　常用电工工具的使用

## 【教学目标】

（1）熟悉常用电工工具的种类。

（2）掌握常用电工工具的使用技能。

（3）作为一名合格的电工必须掌握的电工的基本操作技能。

　　本单元主要介绍电工工具的使用，电工常用工具是指一般专业电工都要运用的常备工具。常用的工具有验电器、螺钉旋具、钢丝钳、尖嘴钳、断线钳、剥线钳、电工刀、活扳手等。

# 项目一　常用低压、高压验电器的使用

## 【学习目标】

（1）熟悉低压、高压验电器的结构。

（2）掌握低压、高压验电器的使用方法。

　　验电器是检验导线和电气设备是否带电的一种电工常用检测工具。按被检测对象的电压等级分为低压验电器和高压验电器两种。

## 一、低压验电器

　　低压验电器又称为测电笔，分为笔式和螺丝刀式两种，如图 2-1 所示。

### （一）结　构

　　笔式低压验电器由氖管、电阻、弹簧、笔身和笔尖等组成。

### （二）使用方法

　　使用低压验电器时，手指必须触及笔尾的金属部分，并使氖管小窗背光且朝自己，以便观测氖管的亮暗程度，防止因光线太强造成误判断。

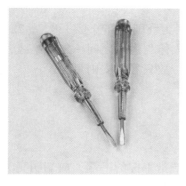

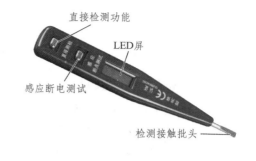

（a）普通常用试电笔　　　　　　　（b）数字式试电笔

图 2-1　测电笔

当用低压验电器测试带电体时，电流经带电体、低压验电器、人体及大地形成通电回路，当带电体与大地之间的电位差超过 60 V 时，低压验电器中的氖管就会发光。低压验电器检测的电压范围为 60 ~ 500 V，如图 2-2 所示。

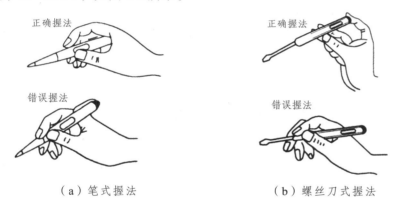

（a）笔式握法　　　　　　　　（b）螺丝刀式握法

图 2-2　试电笔使用姿势

## （三）注意事项

（1）使用前，必须在有电源处对低压验电器进行测试，以证明该低压验电器正常方可使用，以免造成误判断甚至引起触电事故。

（2）验电时，应使低压验电器逐渐靠近被测物体，直至氖管发亮，不可直接接触被测体。

（3）验电时，手指必须触及笔尾的金属体，否则带电体也会误判为非带电体。

（4）验电时，要防止手指触及笔尖的金属部分，以免造成触电事故。

拓展知识　测试电笔使用四种技巧

1．巧用电笔进行低压核相

口诀：判断两线相同异，两手各持一支笔；

　　　　两脚与地相绝缘，两笔各触一要线；

用眼观看一支笔，不亮同相亮为异。

说明：此项测试时，切记两脚与地必须绝缘。因为我国大部分是 380 V，220 V 供电，且变压器普遍采用中性点直接接地，所以做测试时，人体与大地之间一定要绝缘，避免构成回路，以免误判断。测试时，两笔亮与不亮显示一样，故只看一支则可。

### 2．巧用电笔判断直流电正负极

口诀：电笔判断正负极，观察氖管要心细，

前端明亮是负极，后端明亮为正极。

说明：氖管的前端指验电笔笔尖一端，氖管后端指手握的一端，前端明亮为负极，反之为正极。测试时要注意：电源电压为 110 V 及以上；若人与大地绝缘，一只手摸电源任一极，另一只手持测电笔，电笔金属头触及被测电源另一极，氖管前端极发亮，所测触的电源是负极；若是氖管的后端极发亮，所测触的电源是正极。

上述方法是根据直流单向流动和电子由负极向正极流动的原理进行的。

### 3．巧用电笔判断直流电源有无接地，正负极接地的区别

口诀：变电所直流系数，电笔触及不发亮；

若亮靠近笔尖端，正极有接地故障；

若亮靠近手指端，接地故障在负极。

说明：发电厂和变电所的直流系数，是对地绝缘的，所以人站在地上，用验电笔去触及正极或负极，氖管是不应发亮的，如果发亮，则说明直流系统有接地现象；如果发亮的部位在靠近笔尖的一端，则是正极接地；如果发亮的部位在靠近手指的一端，则是负极接地。

### 4．巧用电笔判断 380 V/220 V 三相三线制供电线路相线接地故障

口诀：星形接法三相线，电笔触及两根亮；

剩余一根亮度弱，该相导线已接地；

若是几乎不见亮，金属接地的故障。

说明：电力变压器的二次侧一般都接成 Y 形，在中性点不接地的三相三线制系统中，用验电笔触及三根相线时，有两根通常稍亮而另一根上的亮度要弱一些，则表示这根亮度弱的相线有接地现象，但还不太严重；如果两根很亮，而剩余一根几乎看不见亮光，则是这根相线有金属接地故障。

## 二、数显电笔的使用方法

### （一）按钮说明

A 键：直接测量按键（离液晶屏较远），也就是用笔头直接去接触线路时，请按此按钮。

B 键：感应测量按键（离液晶屏较近），也就是用笔头感应接触线路时，请按此按钮。

注：不管电笔上如何印字，请认明离液晶屏较远的为直接测量键，离液晶较近的为感应键即可。

## （二）适用范围

测电笔适用于直接检测 12～250 V 的交直流电和间接检测交流电的零线、相线和断点，还可测量不带电导体的通断。

## （三）直接检测

（1）最后数字为所测电压值。

（2）未到高断显示值 70% 时，显示低断值。

（3）测量直流电时，应手碰另一极。

（4）间接检测：按住 B 键，将笔头靠近电源线，如果电源线带电的话，数显电笔的显示器上将显示高压符号。

（5）断点检测：按住 B 键，沿电线纵向移动时，显示窗内无显示处即为断点处。

## （四）直接检测导线是否短路

有一个断点测量，对于一根线，可以一只手拿着导线的这头，另一只手用手指触摸着断点测量的热键，再用电笔头触及线的另一端，若电笔红灯亮，说明导线导通，不亮则表示导线断开。如果没有断点测量功率，用电笔无法判断导线通断。

（1）电压显示：12 V、24 V、36 V、110 V、220 V。要是搭在火线上，显示 220 V，零线的话一般显示 16 V 或 24 V。

（2）零线断后，用电笔测电源（断点前端）的零线时，氖泡不亮，数显笔显示电的符号；用电笔测断点后端时，氖泡正常发光，数显笔显示 220 V。

（3）两芯线短路的查找：插上电源，用数显电笔的间接测量查找，如果查不出，可能断点在零线上，反转插头使零火线对调再测即可。

（4）测电笔一般上面会显示 12 V、24 V、48 V、110 V、220 V、380 V，但是实际读数的时候要看数显表的最大值，也就是显示数据的最大值，譬如显示 12 V，36 V，则测电压的近似值为 36 V。火线的电压，也即单相电压，额定值 220 V；零线的电压，一般称为中性线的电压，平衡时为 0；地线，顾名思义，直接接地的线，为 0 V。实际测量时的数据显示，火线一般为 210～230 V，零线由于一般都为不平衡负载，所以一般为 0～24 V，地线肯定为 0（一般接外壳，又称保护线）。

## 三、高压验电器

## （一）结　构

高压验电器又称高压测电器。10 kV 高压验电器由金属钩、氖管、氖管窗、紧固螺钉、护环和握柄等组成，如图 2-3 所示。

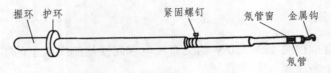

图 2-3　高压试电笔结构图

## （二）使　用

使用高压验电器时，单手或双手握住握环，使金属钩触及被测物体，视氖管是否发亮判别被测物体是否带电，如图 2-4 所示。

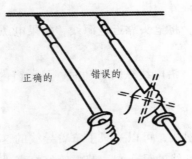

图 2-4　高压试验笔的使用

## （三）注意事项

（1）手握部位不得超过护环。

（2）必须戴上符合要求的绝缘手套。

（3）测试时必须有人在旁监护。

（4）小心操作，以防发生相间或对地短路事故。

（5）与带电体保持足够的安全间距（10 kV 高压验电器的安全距离应大于 0.7 m）。

（6）室外操作时，必须天气良好，在雨、雪、雾及湿度较大的天气时，不宜进行操作，以免发生危险。

## （四）高低电压的区别方法

（1）区别电压高低。测试时可根据氖管发光的强弱来判断电压的高低。

（2）区别相线与中性线（零线）。在交流电路中，当验电器触及导线时氖管发光的即为相线，正常情况下，触及中性线时不发光的。

（3）区别直流电与交流电。交流电通过验电器时，氖管里的两级同时发光；直流电通过验电器时，氖管里两个极只有一个发光。

（4）区别直流电的正、负极。把验电器连接在直流电的正、负极之间，氖管中发光的一极为直流电的负极。

## （五）高压验电器分类

按照适用电压等级可分为：0～110 kV 验电器，6 kV、10 kV 验电器，35 kV、66 kV 验电器，110 kV、220 kV 验电器，500 kV 验电器。

按照型号可分为：声光型高压验电器、语言型高压验电器、防雨型高压验电器、风车式高压验电器、绳式高压验电器。

## （六）高压验电器技术参数

（1）6 kV 高压验电器

有效绝缘长度：840 mm；手柄长度：120 mm；节数：5；护环直径：55 mm；接触电极长度：40 mm。

（2）10 kV 高压验电器

有效绝缘长度：840 mm；手柄长度：120 mm；节数：5；护环直径：55 mm；接触电极长度：40 mm。

（3）35 kV 高压验电器

有效绝缘长度：1 870 mm；手柄长度：120 mm；节数：5；护环直径：57 mm；接触电极长度：50 mm。

（4）110 kV 高压验电器

回态长度：60 cm；伸态长度：200 cm。

（5）220 kV 高压验电器

回态长度：80 cm；伸态长度：300 cm。

（6）500 kV 高压验电器

回态长度：160 cm；伸态长度：720 cm。

## （七）高压验电器使用范围

额定频率：50 Hz。我国与部分国家规定家庭电路的电压使用标准为 220 V，50 Hz，即家庭用电电压为 220 V，这是交流电的标志。我国所用的交流电频率都为 50 Hz，波形为标准正弦波。而日本和一些欧洲的国家家用电压是 110 V，电压高比电压低输送相同功率电能所用的输电线路要小，但其电力变压设备、动力设备所需的线圈匝数要更多，绝缘要求也高。但两者的频率都在 50 ～ 60 Hz，且都是交流。

电压等级：6 kV、10 kV、35 kV、110 kV、220 kV、330 kV、500 kV 交流电压，作直接接触式验电用。

启动电压：高压电极由金属球体构成，在 1 m 的空间范围内不应放置其他物体，将验电器的接触电极与一极接地的交流电压的高压电极相接触，逐渐升高高压电极的电压，当验电器发出"电压存在"信号，如"声光"指示时，记录此时的启动电压，如该电压为 0.15 ～ 0.4 倍额定电压，则认为通过。

## （八）交流高压验电器的使用方法及注意事项

（1）使用前，要按所测设备（线路）的电压等级将绝缘棒拉伸至规定长度，选用合适型号的指示器和绝缘棒，并对指示器进行检查，投入使用的高压验电器必须是经电气试验合格的。

（2）对回转式高压验电器，使用前应把检验过的指示器旋接在绝缘棒上固定，并用绸布将其表面擦拭干净，然后转动至所需角度，以便使用时观察方便。

（3）对电容式高压验电器，绝缘棒上标有红线，红线以上部分表示内有电容元件，且属带电部分，该部分要按《电业安全工作规程》的要求与邻近导体或接地体保持必要的安全距离。

（4）使用时，应特别注意手握部位不得超过护环。

（5）用回转式高压验电器时，指示器的金属触头应逐渐靠近被测设备（或导线），一旦指示器叶片开始正常回转，则说明该设备有电，应随即离开被测设备。叶片不能长期回转，以保证验电器的使用寿命。当电缆或电容上存在残余电荷电压时，指示器叶片会短时缓慢转几圈，而后自行停转，因此它可以准确鉴别设备是否停电。

（6）对线路的验电应逐相进行，对联络用的断路器或隔离开关或其他检修设备验电时，应在其进出线两侧各相分别验电。对同杆塔架设的多层电力线路进行验电时，先验低压、后验高压，先验下层、后验上层。

（7）在电容器组上验电应待其放电完毕后再进行。

（8）每次使用完毕，在收缩绝缘棒及取下回转指示器放入包装袋之前，应将表面尘埃擦拭干净，并存放在干燥通风的地方，以免受潮。回转指示器应妥善保管，不得受到强烈振动或冲击，也不准擅自调整拆装。

（9）为保证使用安全，验电器应每半年进行一次预防性电气试验。

### （九）高压验电器使用和维护

（1）在使用前必须进行自检，方法是用手指按动自检按钮，指示灯应有间断闪光，发出间断报警声，说明该仪器正常。

（2）进行 10 kV 以上验电作业时，必须执行《电业安全工作规程》，工作人员须戴绝缘手套、穿绝缘鞋并保证对带电设备的安全距离。

（3）工作人员在使用时，要手握绝缘杆最下部，以确保绝缘杆的有效长度，并根据《电业安全工作规程》的规定，先在有电设施上进行检验，验证验电器确实性能完好，方能使用。

（4）验电器应定期做绝缘耐压试验、启动试验。潮湿地方试验周期为三个月，干燥地方为半年。如发现该产品不可靠应停止使用。

（5）雨天、雾天不得使用。

（6）验电器应存放在干燥、通风无腐蚀气体的场所。

## 四、技能训练

教师模拟设置低压、高压环境。让学生使用低压验电器及高压验电器对相关设备进行验电（对工作台电源进行验电）。

## 五、考　核

1．考核所需材料、设备

（1）设备：YL-210 电源工作台。

（2）仿真高压设备。

2．考核时间

参考时间为 30 min。

3．考核要点

（1）高、低压验电器选择是否正确。

（2）高、低压整个验电过程动作是否熟练、准确、规范。

（3）是否养成安全文明生产的好习惯。

## 六、考核标准及评分

| 姓　名 | | 工作单位 | | | |
|---|---|---|---|---|---|
| 操作时间 | 时　　分至　　时　　分 | | | 累计用时： | |
| 评分标准 | | | | | |
| 序号 | 考核项目 | 考核内容 | 配分 | 扣分 | 得分 |
| 1 | 低压验电器的选择 | 低压验电器选择及相关要求是否正确 | 20 | | |
| 2 | 低压验电的过程及规范 | 低压验电过程是否正确和符合操作规范 | 25 | | |
| 3 | 高压验电器的选择 | 高压验电器选择及相关要求是否正确 | 20 | | |
| 4 | 高压验电的过程及规范 | 高压验电过程是否正确和符合操作规范 | 25 | | |
| 5 | 安全文明生产 | 在操作过程中是否出现不安全因素 | 10 | | |
| 指导教师 | | | 总分： | | |

## 七、作　业

（1）低压验电器的使用方法及使用注意事项。

（2）高压验电器的使用方法及使用注意事项。

# 项目二　常用螺具的使用

## 【学习目标】

（1）熟悉各种常用螺具的结构。
（2）熟练掌握各种常用螺具的使用方法。

## 一、螺钉旋具的结构

螺钉旋具的种类有很多，按头部形状可分为一字形和十字形，如图 2-5 所示。

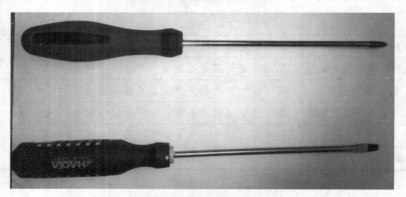

图 2-5　十字形螺钉旋具和一字形螺钉旋具

一字形螺钉旋具常用规格按长度分有 50 mm、100 mm、150 mm、200 mm 等，电工必备的是 50 mm 和 150 mm 两种。十字形螺钉旋具专供紧固和拆卸十字槽的螺钉，常用的规格有Ⅰ、Ⅱ、Ⅲ、Ⅳ四种。

## 二、螺钉旋具的使用

### （一）大螺钉旋具的使用

大螺钉旋具一般用来紧固较大的螺钉。使用时，除大拇指、食指和中指要夹住握柄外，手掌还要顶住柄的末端，这样就可以防止旋具转动时滑脱，如图 2-6 所示。

### （二）小螺钉旋具的使用

小螺钉旋具一般用来紧固电气装置接线桩头上的小螺钉，使用时可用手指捏住木柄（胶柄）的中间部分捻转，如图 2-7 所示。

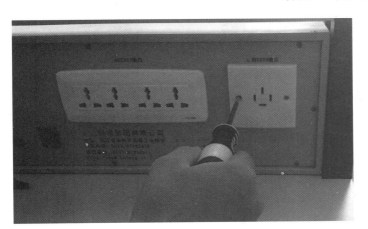

图 2-6 大螺钉旋具的使用方法

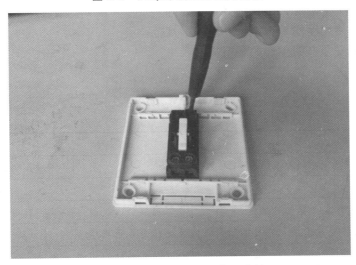

图 2-7 小螺钉旋具的使用方法

## （三）使用螺钉旋具的安全知识

（1）电工不可使用金属杆直通的螺钉旋具，否则容易造成触电事故。

（2）使用螺钉旋具紧固和拆卸带电的螺钉时，手不得触及旋具的金属杆，以免发生触电事故。

（3）为了避免螺钉旋具的金属杆触及临近的带电体，应在金属杆上穿绝缘套管。

（4）使用较长的螺钉旋具时，可用右手压紧并旋转手柄，左手握住螺钉旋具中间部分，以使螺钉刀不致滑脱。此时左手不得放在螺钉的周围，以免螺钉刀滑出时将手划伤。

## 三、技能训练

在木工板上固定直径型号不同的一字、十字型号螺丝钉各 4 排，每种型号为 1 排，每排 10 个，每个螺丝钉上、下、左、右间隔均为 3 cm。

## 四、考 核

1．考核所需材料、设备

（1）各种型号十字形、一字形螺钉旋具若干。

（2）木质电工板一块（大小自定）。

（3）各种一字、十字型号螺丝钉四种型号若干（大小教师自定）。

2．考核时间

参考时间为 60 min。

3．考核要点

（1）一字形、十字形螺钉旋具选择是否正确。

（2）螺旋器具使用动作是否熟练、准确、规范。

（3）是否养成安全文明生产的好习惯。

## 五、考核标准及评分

| 姓 名 | | 工作单位 | | | | |
|---|---|---|---|---|---|---|
| 操作时间 | 时　　　分至　　　时　　　分 | | | | 累计用时： | |
| 评分标准 | | | | | | |
| 序号 | 考核项目 | 考核内容 | 配分 | 扣分 | 得分 | |
| 1 | 一字形螺钉旋具选择 | 一字形螺钉旋具选择是否正确 | 10 | | | |
| 2 | 一字形螺钉安装 | 一字型号螺钉安装是否熟练、准确、规范，每个安装不标准扣 5 分 | 35 | | | |
| 3 | 十字形螺钉旋具选择 | 十字形螺钉旋具选择是否正确 | 10 | | | |
| 4 | 十字螺钉安装 | 十字型号螺钉安装是否熟练、准确、规范，每个安装不标准扣 5 分 | 35 | | | |
| 5 | 安全文明生产 | 出现伤手及违反安全操作规程 | 10 | | | |
| 指导教师 | | | 总分： | | | |

## 六、作 业

（1）旋具有几大类，使用时应注意什么？

# 项目三　常用钳类工具的使用

## 【学习目标】

（1）熟悉各种常用钳类工具的结构。
（2）熟练掌握各种常用钳类工具的使用方法。

## 一、钢丝钳

钢丝钳有铁柄和绝缘柄两种，绝缘柄为电工用钢丝钳，常用的规格有 150 mm、175 mm、200 mm 三种。

### （一）电工钢丝钳的结构与用途

电工钢丝钳，由钳头和钳柄两部分组成。钳头由钳口、齿口、刀口和铡口四部分组成。其用途很多，钳口用来弯绞和钳夹导线线头；刀口用来剪切或削软导线绝缘层；铡口用来铡切导线线芯、钢丝或铅丝等较硬金属丝。电工钢丝钳结构及用途如图 2-8 所示。

图 2-8　电工钢丝钳的结构与用途
1—钳口；2—齿口；3—刀口；4—铡口；5—绝缘套；6—钳柄；7—钳头

### （二）电工钢丝钳的使用

（1）使用前，必须检查绝缘柄的绝缘是否良好。
（2）剪切带电导线时，不得用刀口同时剪切相线和中性线，或同时剪切两根导线。
（3）钳头不可代替锤子作为敲打工具使用。

## 二、尖嘴钳

尖嘴钳的头部尖细，适于在狭小的空间操作。钳柄有铁柄和绝缘柄两种，绝缘柄的耐压为 500 V，主要用于切断细小的导线、金属丝，夹持小螺钉、垫圈及导线等元件，还能将导线端头弯曲成所需的各种形状。尖嘴钳外形如图 2-9 所示。

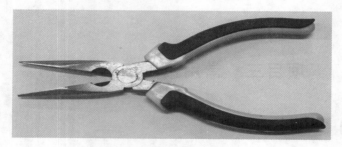

图 2-9　尖嘴钳

## 三、断线钳

断线钳又称斜口钳，钳柄有铁柄、管柄和绝缘柄三种。其中电工用的带绝缘柄断线钳的外形如图 2-10 所示，绝缘柄的耐压为 500 V。断线钳主要用于剪断较粗的线、金属丝及导线、电缆。

图 2-10　断线钳

## 四、剥线钳

剥线钳是用来剥削小直径导线绝缘层的专用工具，其外形如图 2-11 所示。它的绝缘手柄耐压为 500 V，剥线钳使用时，将要剥削的绝缘层长度用标尺定好后，即可把导线放入相应的刃口中（比导线直径稍大），用手将柄握紧，导线的绝缘层即被割破且自动弹出。

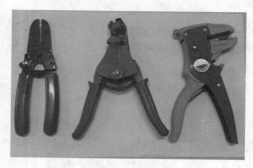

图 2-11　剥线钳

## 五、技能训练

使用各类钳具对各种电线、铁丝、钢丝的钳断及整形。

## 六、考　核

1．考核所需材料、设备

（1）钢丝钳、尖嘴钳、断线钳、剥线钳各1把（教师自定）。

（2）各种电线、铁丝、钢丝若干（直径、长短教师自定）。

2．考核时间

参考时间为 60 min。

3．考核要点

（1）钢丝钳、尖嘴钳、断线钳、剥线钳选择是否正确。

（2）钢丝钳、尖嘴钳、断线钳、剥线钳使用动作是否熟练、准确、规范。

（3）是否养成安全文明生产的好习惯。

## 七、考核标准及评分

| 姓　名 | | 工作单位 | | | | |
|---|---|---|---|---|---|---|
| 操作时间 | | 时　分至　时　分 | | 累计用时： | | |
| 评分标准 | | | | | | |
| 序号 | 考核项目 | 考核内容 | 配分 | 扣分 | 得分 | |
| 1 | 钢丝钳的使用 | 选择及使用动作是否熟练、准确、规范 | 20 | | | |
| 2 | 尖嘴钳的使用 | 选择及使用动作是否熟练、准确、规范 | 25 | | | |
| 3 | 断线钳的使用 | 选择及使用动作是否熟练、准确、规范 | 20 | | | |
| 4 | 剥线钳的使用 | 选择及使用动作是否熟练、准确、规范 | 25 | | | |
| 5 | 安全文明生产 | 是否出现伤手及违反安全操作规程 | 10 | | | |
| 指导教师 | | | 总分： | | | |

## 八、作　业

钳类工具的分类有哪些？各种钳类工具使用时应注意什么？

# 项目四　其他各种电工常用工具的使用

## 【学习目标】

（1）熟悉电工刀、活动扳手、喷灯、手电钻的结构。
（2）熟练掌握电工刀、活动扳手、喷灯、手电钻的使用方法。

## 一、电工刀

电工刀是用来剖削电线线头、切割木台缺口、削制木榫的专用工具，其外形如图 2-12 所示。

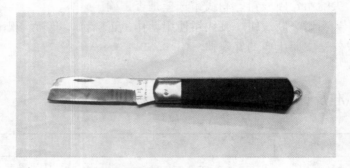

图 2-12　电工刀

### （一）电工刀的使用

电工刀使用时，应将刀口朝外剖。剖削导线绝缘层时，应使刀面与导线呈较小的锐角，以免割伤导线。

### （二）使用电工刀的安全知识

（1）使用电工刀时应注意避免伤手，不得传递未折进刀柄的电工刀。
（2）电工刀用毕，随时将刀身折进刀柄。
（3）电工刀刀柄无绝缘保护，不能用于带电作业，以免触电。

## 二、活动扳手

活动扳手又称活络扳头，是用来紧固和起松螺母的一种专用工具，如图 2-13 所示。

（a）活动扳手的结构　　　（b）扳动较大螺母的握法　　　（c）扳动较小螺母的握法

图 2-13　活动扳手的结构与使用

## （一）活动扳手的结构和规格

活动扳手由头部活动扳唇、呆板唇、扳口、蜗轮和轴销等构成。蜗轮可调节扳口大小，其规格用长度（mm）×最大开口宽度（mm）来表示，电工常用的活扳手有 150 mm×19 mm（6 in），200 mm×24 mm（8 in），250 mm×30 mm（10 in）和 300 mm×36 mm（12 in）四种规格（1 in = 2.54 cm）。

## （二）活动扳手的使用方法

（1）扳动大螺母时，常用较大的力矩，手应握在近柄尾处，如图 2-13（b）所示。

（2）扳动较小螺母时，所用力矩不大，但螺母过小易打滑，故手应握在接近扳头的地方，如图 2-13（c）所示，这样可随时调节蜗轮，收紧活动扳唇，防止打滑。

（3）活动扳手不可反用，以免损坏活动扳唇，也不可用钢管接长手柄施加较大的扳拧力矩。

（4）活动扳手不得当作撬棍和手锤使用。

# 三、喷　灯

喷灯是一种利用喷射火焰对工件进行加热的工具，常用来焊接铅包电缆的铅包层、大截面铜导线连接处的搪锡及其他连接表面的防氧化镀锡等，喷灯火焰温度可达 900 ℃ 以上。

## （一）喷灯的结构

喷灯的结构如图 2-14 所示，按其使用燃料可分为煤油喷灯、汽油喷灯和燃气喷灯三种。

（a）燃油喷灯（煤油喷灯、汽油喷灯）　　　（b）燃气喷灯

图 2-14　喷灯

## （二）燃油喷灯的使用方法

（1）加油：旋下加油阀下面的螺栓，倒入适量油液，油量以不超过筒体的3/4为宜。保留一部分空间的目的在于储存压缩空气，以维持必要的空气压力。加完油后应及时旋紧加油口的螺栓，关闭放油调节阀的阀杆，擦净洒在外部的油液，并认真检查是否有渗漏现象。

（2）预热：先在预热燃烧盘内注入适量汽油，用火点燃，将火焰喷头烧热。

（3）喷火：在火焰喷头烧热后至燃烧盘内汽油燃完之前，用打气阀打气3~5次，然后再慢慢打开放油调节阀的阀杆，喷出油雾，喷灯即点燃喷火。随后继续打气，直到火焰正常为止。

（4）熄火：先关闭放油调节阀，直至火焰熄灭，再慢慢旋松加油口螺栓，放出筒体内的压缩空气。

（5）使用喷灯时的安全注意事项：

① 喷灯的加、放油及检修过程，均应在熄火后进行。加油时应先将油阀上螺栓慢慢放松，待气体放尽后方可开盖加油。

② 煤油喷灯筒体内不得掺加汽油。

③ 喷灯使用过程中应注意筒体的油量，一般不得少于筒体容积的1/4。油量太少会使筒体发热，易发生危险。

④ 打气压力不应过高。打完气后，应将打气柄卡牢在泵盖上。

⑤ 喷灯工作时应注意火焰与带电体之间的安全距离，距离 10 kV 以下带电体应大于1.5 m，距离 10 kV 以上带电体应大于 3 m。

## （三）燃气喷灯的使用方法

### 1. 燃气式喷灯的特点

（1）使用简单、安全，携带方便，可使用于有强风的工作场所。

（2）倒置或任何角度均可使用，不会熄火。

（3）采用 304 号不锈钢材质，质轻坚固，永不生锈。

（4）气瓶装卸快速，不用时可卸下挂置，防止漏气，节省瓦斯。

### 2. 燃气式喷灯的使用方法

（1）把气瓶斜放入底座圆槽内，以气瓶下压底座。

（2）压下底座后，气瓶靠紧握臂上的弧板，然后迅速放开气瓶，使气瓶嘴进入进气口。

（3）微开气阀，让微量燃料溢出，迅速点火。然后再开火焰，约 20 s 后任何角度均可使用。

（4）停止使用时，关闭气阀，确定火已熄灭，把气瓶移出进气口，挂置。

### 3. 注意事项

（1）气瓶与喷灯结合后，请检查结合处有无漏气、异味或气声，也可浸入水中察看，若有气泡现象，请勿点火使用。

（2）也可利用附于底座下的通针清除喷火嘴污垢。

4．喷灯的维护

（1）喷灯用完后，应放尽气体，存放在不受潮的地方。

（2）不得用重物碰撞喷灯，以免出现裂纹，影响安全使用。

（3）喷灯的螺栓、螺母等有滑丝现象应及时更换。

## 四、手电钻

手电钻是一种头部有钻头、内部装有单相换向器电动机、靠旋转钻孔的手持式电动工具。它有普通电钻和冲击钻两种。普通电钻如通用麻花钻仅靠旋转就能在金属上钻孔。冲击钻采用旋转带冲击的工作方式，一般带有调节开关。当调节开关在旋转无冲击即"钻"的位置时，其功能同普通电钻；当调节开关在旋转带冲击即"锤"的位置时，装上镶有硬质合金的钻头，便能在混凝土和砖墙等建筑构架上钻孔。冲击钻的外形如图 2-15 所示。

图 2-15　冲击电钻

冲击钻使用时的注意事项：

（1）长期搁置不用的冲击钻，使用前必须使用 500 V 绝缘电阻表测定对地绝缘电阻，其阻值应不小于 0.5 MΩ。

（2）使用金属外壳冲击钻时，必须戴绝缘手套、穿绝缘鞋或站在绝缘板上，以确保操作人员安全。在钻孔过程中应经常把钻头从钻孔中抽出以便排除钻孔中的屑沫。

## 五、教师模拟实际场地对电工常用工具使用进行模拟考试

技能训练

（1）用电工刀对废旧塑料单芯硬线做剖削操作。

（2）使用活动扳手对六角螺钉的松紧训练。

（3）按喷灯的使用步骤对喷灯进行加热、预热、喷火和熄火。

## 六、考核标准及评分

| 姓 名 | | 工作单位 | | | | |
|---|---|---|---|---|---|---|
| 操作时间 | | 时　　分至　　时　　分 | | | 累计用时： | |
| 评分标准 | | | | | | |
| 序号 | 考核项目 | 考核内容 | 配分 | 扣分 | 得分 | |
| 1 | 电工刀对废旧塑料单芯硬线做剖削操作 | 使用方法不正确，扣10分；导线有损伤，每处扣3分 | 25 | | | |
| 2 | 电工刀对PVC塑料管进行切断操作 | 使用方法不正确，扣10分；导线有损伤，每处扣3分 | 25 | | | |
| 3 | 喷灯进行加热、预热、喷火和熄火操作 | 使用方法不正确，扣10分；损坏设备，扣10分 | 30 | | | |
| 4 | 安全文明操作 | 违反操作规程，扣10分；场地不整洁，扣10分 | 20 | | | |
| 指导教师 | | | 总分： | | | |

## 七、作业

（1）电工刀的使用方法及使用注意事项。

（2）手持式电钻的使用注意事项。

# 模块三 常用电工仪表的使用

## 【教学目标】

（1）掌握万用表的原理、使用和维护方法。
（2）掌握绝缘电阻表的原理、使用和维护方法。
（3）掌握钳形电流表的原理、使用和维护方法。

## 一、仪表的认识

### （一）常用电工仪器仪表的基本知识

1. 电工指示仪表分类

（1）按工作原理分类：主要分为磁电系、电磁系、电动系和感应系四大类。其他还有整流系、铁磁电动系等。

（2）按使用方法分类：有安装式和便携式两种。

（3）按准确度等级分类：0.1、0.2、0.5、1.0、1.5、2.5、5.0 共七个准确度等级。数字越小，准确度等级越高。

（4）按被测对象分类：有电流表、电压表、电能表、万用表、功率表、频率表等。

（5）按使用条件分类：有 A、B、C 组类型的仪表。

A 组仪表适用环境温度为 0 ℃~40 ℃；

B 组仪表适用环境温度为 20 ℃~50 ℃；

C 组仪表适用环境温度为 40 ℃~60 ℃。

它们的相对湿度条件均在 85% 以下。

### （二）电工指示仪表的组成

电工指示仪表主要由测量机构和测量线路两部分组成。测量机构的作用是将被测量转换成仪表可动部分的机械偏转角，测量线路的作用是把各种不用的被测量转换成过渡量。

### （三）结构及工作原理

（1）磁电系仪表由固定的永久磁铁和可动的通电线圈两大部分组成。其游丝的作用是产生反作用力矩，将电流引入可动线圈。在磁电系测量机构的基础上加上适当的测量线路可以组成直流电流表、直流电压表和万用表等。

　　磁电系仪表是根据通电导体在磁场中受力的原理制成的，如果在磁电系仪表的基础上半导体整流器就能构成整流系仪表。磁电系仪表具有标尺刻度均匀、准确度高、灵敏度高、功率消耗小的优点，但也有过载能力小、只能测直流等缺点。整流系仪表只能用于测量交流量。

　　（2）电磁系仪表由固定的线圈和可动的铁片组成，按结构形式的不同，可分为吸引型和排斥型两种。其游丝的作用是只产生反作用力矩。电磁系仪表是根据铁磁物质在磁场中被磁化后，产生电磁吸力（或推斥力）的原理制成。它具有交直流两用、过载能力强等优点，但也有标尺刻度不均匀、受外磁场影响大等缺点。在电磁系测量机构的基础上可以组成交流电流表和交流电压表。

## （四）常用电工仪器仪表符号（见表3-1）

表 3-1　常用电工仪器仪表符号

| 符号 | 含义 | 符号 | 含义 | 符号 | 含义 |
|---|---|---|---|---|---|
| ① | 磁电系仪表 | ⑦ （星形 2） | 绝缘强度试验电压为 2 kV | ⑬ （三角形 B） | B 组仪表 |
| ② | 整流系仪表 | ⑧ （星形 0） | 不进行绝缘强度试验 | ⑭ （三角形 C） | C 组仪表 |
| ③ | 电磁系仪表 | ⑨ 60° | 标度尺位置与水平面倾斜成60° | ⑮ | I 级防外磁场 |
| ④ | 电动系仪表 | ⑩ | 标度尺位置为水平的 | ⑯ | 直流 |
| ⑤ | 感应系仪表 | ⑪ | 标度尺位置为垂直的 | ⑰ | 交流 |
| ⑥ 1.5 | 仪表的准确度等级为 1.5 级 | ⑫ （三角形 ∧） | A 组仪表 | ⑱ | 交直流两用 |

# 项目一　万用表的使用

## 【学习目标】

（1）熟悉万用表的结构。

（2）掌握万用表的使用方法。

万用表是一种多功能、多量程的便携式电测量仪表，也是电工作业使用最频繁的仪表。常用的万用表有指针式和数字式两种。一般万用表的测量种类有交直流电压、直流电流、电阻等；有的万用表还能测量交流电流、电容、电感以及三极管的电流放大倍数等。

# 一、指针式万用表

指针式万用表也称模拟式万用表，其型号繁多，图 3-1 所示为常用的 MF-47 型万用表面板图。

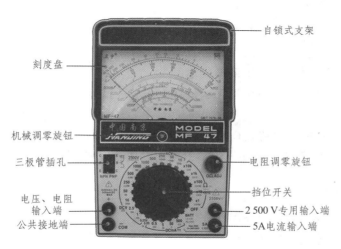

图 3-1 MF-47 型万用表

## （一）使用前的检查与调整

在使用万用表进行测量前，应进行下列检查与调整：

（1）外观应完好无破损，当轻轻摇晃时，指针应摆动自如。

（2）旋动转换开关，应切换灵活，无卡阻，挡位应准确。

（3）水平放置万用表，转动表盘指针下面的机械调零螺丝，使指针对准标度尺左边的 0 位线。

（4）测量电阻前应进行欧姆调零（每次换挡都应重新进行调零），即将转换开关选择好适当位置，两表笔短接，旋动欧姆调零旋钮，使指针对准欧姆标度尺右边的 0 位线。如指针始终不能指向 0 位线，则应更换电池。

（5）检查表笔插接是否正确。黑表笔应接"−""COM""*""黑色"插孔，红表笔应接"+""红色"插孔。

（6）检查测量机构是否有效，即应用欧姆挡，短时碰触两表笔，指针应偏转灵敏。

## （二）直流电阻的测量

（1）首先应断开被测电路的电源及连接导线。若带电测量，将损坏仪表；若在路测量，将影响测量结果。

（2）合理选择量程挡位，以指针居中或偏右 2/3 为最佳。测量半导体器件时，不应选用 R×1 挡和 R×10 k 挡。

（3）测量时表笔与被测电路应接触良好，双手不得同时触及表笔的金属部分，以防将人体电阻并入被测电路造成误差。

（4）正确读数并计算出实测值。

（5）切不可用欧姆挡直接测量微安表头、检流计、电池内阻。

## （三）电压的测量

（1）测量电压时，表笔应与被测电路并联。

（2）测量直流电压时，应注意极性。若无法区分正、负极，应先将量程选在较高挡位，用表笔轻触电路，若指针反偏，则调换表笔。

（3）合理选择量程。若被测电压无法估计，先应选择最大量程，视指针偏摆情况再做调整。

（4）测量时应与带电体保持安全间距，手不得触及表笔的金属部分。测量高电压（500 ~ 2 500 V）时，应戴绝缘手套且站在绝缘垫上使用高压验电器进行。

## （四）电流的测量

（1）测量电流时应与被测电路串联，切不可并联。

（2）测量直流电流时，应注意极性。

（3）合理选择量程。

（4）测量较大电流时，应先断开电源然后再撤表笔。

## （五）注意事项

（1）测量过程中不得换挡。

（2）读数时，应三点成一线（三点指眼睛、指针、指针在刻度中的影子）。

（3）根据被测对象，正确读取标度尺上的数据。

（4）测量完毕，应将转换开关置空挡或"OFF"及"·"挡或电压最高挡。若长时间不用，应取出万用表内部电池。

## 二、数字万用表

数字万用表具有测量精度高、显示直观、功能全、可靠性好、小巧轻便以及便于操作等优点。

## （一）面板结构与功能

图 3-2 所示为数字万用表的面板图，包括 LCD 液晶显示器、电源开关、量程选择开关、表笔插孔等。

液晶显示器最大显示值为 1 999，且具有自动显示极性功能。若被测电压或电流的极性为负，则显示值前将带"–"号；若输入超出量程，则在显示屏左端出现"1"或"–1"的提示字样。

电源开关（POWER）可根据需要，分别置于"ON"（开）或"OFF"（关）状态。测量完毕，开关应将其置于"OFF"位置，以免空耗电池。数字万用表的电池盒位于后盖的下方，采用 9 V 叠层电池。电池盒内还装有熔丝管，以起过载保护作用。旋转式量程开关位于面板中央，用以选择功能和量程。若用表内蜂鸣器做通断检查时，量程开关应停放在标有"·)))"符号的位置。

$h_{EF}$ 插口用以测量三极管的 $h_{EF}$ 值时，应将三极管的 b、c、e 极对应插入。输入插口是万用表通过表笔与被测量连接的部位，设有"COM""V.Ω""mA""10 A"4 个插口。使用时，黑表笔应接入"COM"插孔，红表笔根据被测种类和大小接入"V.Ω""mA"或"10 A"插孔。在"COM"插孔与其他 3 个插孔之间分别标有最大（MAX）测量值，如 10 A、200 mA、交流 750 V、直流 1 000 V。

图 3-2 数字式万用表

## （二）使用方法

（1）测量交、直流电压（ACV、DCV）时，红、黑表笔分别接"V.Ω"与"COM"插孔，旋动量程选择开关至合适位置（200 mV、2 V、20 V、200 V、700 V 或 1 000 V），红、黑表笔并接于被测电路（若是直流，注意红表笔接高电位端，否则显示屏左端将显示"–"），此时显示屏显示出被测电压数值，若显示屏只显示最高位"1"，表示溢出，应将量程调高。

（2）测量交、直流电流（ACA、DCA）时，红、黑表笔分别接"mA"（大于 200 mA 时应接"10 A")与"COM"插孔，旋动量程选择开关至合适位置（2 mA、20 mA、200 mA或 10 A），将两表笔串接于被测回路（直流时，注意极性），显示屏所显示的数值即为被测电流的大小。

（3）测量电阻时，无须调零，将红、黑表笔分别插入"V.Ω"与"COM"插孔，旋动量程选择开关至合适位置（200 Ω、2 kΩ、200 kΩ、2 MΩ、20 MΩ），将两表笔跨接在被测电阻两端（不得带电测量），显示屏所显示数值即为被测电阻的数值。当使用 200 MΩ 量程进行测量时，先将两表笔短路，若读数不为零，仍属正常，此读数是一个固定的偏移值，实际数值应为显示数值减去该偏移值。

（4）进行二极管和电路通断测试时，红、黑表笔分别插入"V.Ω"与"COM"插孔，旋动量程开关至二极管测试位置。正向情况下，显示屏即显示出二极管的正向导通电压，单位为 mV（锗管应在 200 ~ 300 mV，硅管应在 500 ~ 800 mV）：反向情况下，显示屏应显示"1"，表明二极管不导通，否则表明此极管反向漏电流大。正向状态下，若显示"000"，则表明二极管短路；若显示"1"，则表明二极管断路。当用来测量线路或器件的通断状态时，若检测的阻值小于 30 Ω，则表内发出蜂鸣声以表示线路或器件处于导通状态。

（5）进行三极管测量时，旋动量程选择开关至"h$_{EF}$"位置（或"NPN"或"PNP"），对被测三极管依 NPN 型或 PNP 型将 b、c、e 极分别插入相应的插孔中，显示屏所显示数值即为被测三极管的 h$_{EF}$ 参数。

（6）进行电容测量时，将被测电容插入电容插座，旋动量程选择开关至"CAP"位置，显示屏所示数值即为被测电容的电荷量。

## （三）注意事项

（1）当显示屏出现"LOBAT"或"←"时，表明电池电量不足，应予更换。
（2）若测量电流时没有读数，应检查熔丝是否熔断。
（3）测量完毕，应关上电源；若长期不用，应将电池取出。
（4）不宜在日光及高温、高湿环境下使用与存放（工作温度为 0 °C ~ 40 °C，湿度为 80%），使用时应轻拿轻放。

## 三、技能训练

### 1．实训器材

（1）交、直流电压表各 1 只。
（2）交、直流电流表各 1 只。
（3）MF-47 型或 500 型万用表、数字万用表各 1 只。
（4）不同阻值的电阻器 3 ~ 4 个。
（5）干电池 3 ~ 4 个。

### 2．考核内容及要求

（1）练习用电压表、电流表测量直、交流电压及电流。

（2）练习用 MF-47 型或 500 万用表、数字式万用表的正确挡位测量交直流电压。

（3）练习用 MF-47 型或 500 万用表、数字式万用表的正确挡位测量电阻阻值。

## 四、考核标准及评分

| 序号 | 主要内容 | 评分标准 | 配分 | 扣分 | 得分 |
|---|---|---|---|---|---|
| 1 | 测量准备 | 机械调零、挡位选择不当，每次扣 5 分 | 20 | | |
| 2 | 测量过程 | 测量过程中操作步骤每错一处扣 5 分 | 60 | | |
| 3 | 测量结果 | 测量结果有较大误差，扣 10 分 | 10 | | |
| 4 | 维护保养 | 测量维护保养每处错误扣 5 分 | 10 | | |
| 备注 | 时间：20 min | | 合计 | | |
| | | | 指导教师 | | |

## 五、作　业

（1）用 500 型（MF-47 型）万用表测量电阻的方法，应注意哪些事项？

（2）数字式万用表使用与指针式（机械式）万用表有什么区别？

# 项目二　绝缘电阻表的使用

【学习目标】

（1）熟悉绝缘电阻表的结构。

（2）熟练掌握绝缘电阻表的使用方法。

## 一、绝缘电阻表的认识

绝缘电阻表又叫绝缘电阻表、摇表、梅格表、高阻表等，是用来测量大电阻和绝缘电阻的，它的计量单位是兆欧，用符号 MΩ 表示。

绝缘电阻表的种类很多，但其作用大致相同，常用的 ZC25 型绝缘电阻表的外形如图 3-3 所示。

图 3-3　绝缘电阻表

## 二、绝缘电阻表的选择

选择绝缘电阻表应以所测电气设备的电压等级为依据。通常额定电压在 500 V 以下的电气设备，选用 500 V 或 1 000 V 的绝缘电阻表；额定电压在 500 V 以上的电气设备，选用 2 500 ~ 5 000 V 的绝缘电阻表。

选择绝缘电阻表量程的方法是：所选量程不宜过多地超出被测电气设备的绝缘电阻值，以免产生较大误差。测量低压电气设备的绝缘电阻时，一般可选用 0 ~ 200 MΩ 挡；测量高压电气设备的绝缘电阻时，一般可选用 0 ~ 2 500 MΩ 挡。

### 三、测量前的准备

（1）测量前，应切断被测设备的电源，并进行充分放电，以确保人身安全。

（2）擦拭被测设备的表面，使其保持清洁、干燥，以减小测量误差。

（3）将绝缘电阻表放置平稳，并远离带电导体和磁场，以免影响测量准确度。

（4）对有可能感应出高电压的设备，应采取必要的措施。

（5）对绝缘电阻表进行一次开路和短路试验，以检查绝缘电阻表是否良好。试验时，先将绝缘电阻表"线路"（L）、"接地"（E）两端开路，摇动手柄，指针应指在"∞"位置再将两端短接，缓慢摇动手柄，指针应指在"0"处。否则，表明绝缘电阻表有故障，应进行检修。

### 四、绝缘电阻表的接线和测量方法

（1）绝缘电阻表接线柱与被测设备之间的连接导线，应选用绝缘性能良好的单股铜线。绝缘电阻表有三个接线柱，其中两个较大的接线柱上分别标有"接地"（E）和"线路（L）"，另一个较小的接线柱上分别标有"保护环"或"屏蔽"（G）。

测量照明或电力线路对地的绝缘电阻将绝缘电阻表接线柱的E可靠的接地L接到被测线路上，如图3-4（a）所示。线路接好后，可按顺时针方向摇动发动机摇把，转速由慢变快，然后，保持匀速摇表，速度为120 r/m，约2 min后发电机转速稳定，表针也稳定下来，数值就是所测得的绝缘电阻值。

（2）测量电动机的绝缘电阻将绝缘电阻表接线柱的E接电动机机座，接到电动机绕组上，如图3-4（b）所示。

（3）测量电缆的绝缘电阻，即测量电缆的导电线芯与电缆外壳之间的绝缘电阻时，除将被测两端分别接E和L两接线柱外，还需将G接线柱引线接到电缆壳芯之间的绝缘层上，如图3-4（c）所示。

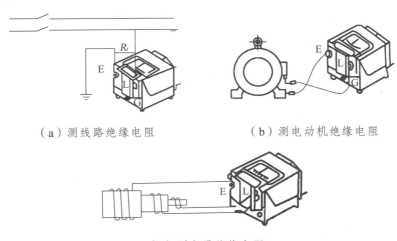

（a）测线路绝缘电阻　　　　　　（b）测电动机绝缘电阻

（c）测电缆绝缘电阻

图3-4　用绝缘电阻表测量绝缘电阻的电路

## 五、绝缘电阻表使用注意事项

（1）测量电气设备的绝缘电阻时，必须先切断电源，然后对含有大电容的设备，测量前应先进行放电，测量后也应及时放电，放电时间不得小于 2 min，以保证人身安全和测量准确。

（2）测量时，绝缘电阻表应放在水平位置，未接线前先转动绝缘电阻表做开路试验，看指针是否指在"∞"处，再将 L 和 E 两个接线柱短接，慢慢地转动绝缘电阻表，看指针是否指在"0"处。若能分别指在"∞"或"0"处，说明绝缘电阻表是好的。

（3）绝缘电阻表接线柱引出线应用多股软线，且要有良好的绝缘性能。两根引线切忌绞在一起，也不能用双股绝缘线或绞线，应用单股线分开单独连接，以避免线间电阻引起的误差造成测量数据不准确。

（4）绝缘电阻表测量完后应立即将被测物放电，在绝缘电阻表的摇把未停止转动和被测物未放电前，不可用手去触及被测物的测量部分或拆除导线，以防触电。

（5）在摇动手柄时应由慢渐快至额定转速 120 r/min。此过程中，若发现指针指零，说明被测绝缘物发生短路事故，应立即停止摇动手柄，避免表内线圈因发热而损坏。

（6）测量设备的绝缘电阻时，应记下测量时的温度、湿度、被测设备的状况等，以便于分析测量结果。

## 六、使用绝缘电阻表测量电气设备的绝缘电阻

使用绝缘电阻表测量电气设备的绝缘电阻的步骤如下：

（1）正确选择绝缘电阻表。选择绝缘电阻表的原则，一是其额定电压一定要与被测电气设备或线路的工作电压相适应，二是绝缘电阻表的测量范围也应与被测绝缘电阻的范围相符合，以免引起大的读数误差。

（2）绝缘电阻表的正确接线。绝缘电阻表有三个绝缘端钮，分别标有 L（线路）、E（接地）和 G（屏蔽），使用时应按测量对象的不同来选用。当测量电力设备对地的绝缘电阻时，应将 L 端钮接到被测设备上，E 端钮可靠接地即可。

（3）使用绝缘电阻表前的检查。使用绝缘电阻表前要先检查其是否完好。检查步骤是：在绝缘电阻表未接通被测电阻之前，摇动手柄使用发动机达到 120 r/min 的额定转速，观察指针是否指在标度尺的"∞"位置；再将端钮 L 和 E 短接，缓慢摇动手柄，观察指针是否指在标度尺的"0"位置。如果指针不能指在相应的位置，表面绝缘电阻表有故障，必须检修后才能使用。

## 七、技能训练

1．训练内容

测量三相异步电动机的绝缘电阻。

2．工具及材料

电工工具、500 V 绝缘电阻表、小型三相异步电动机、电源线等。

3．训练步骤

（1）将三相异步电动机接线盒拆开，取下所有接线桩之间的连接片，使三相绕组两端 U1、U2、V1、V2、W1、W2 各自独立。

（2）用绝缘电阻表测量三相绕组之间（相间绝缘电阻）、各相绕组与机座之间的绝缘电阻（接地绝缘电阻）。

## 八、考核标准及评分

| 序号 | 主要内容 | 评分标准 | 配分 | 扣分 | 得分 |
|---|---|---|---|---|---|
| 1 | 相间绝缘电阻的测量 | 绝缘电阻表使用不当，扣 10 分；<br>测量中不会读数，扣 10 分；<br>测量方法不正确，扣 10 分 | 40 | | |
| 2 | 相地绝缘电阻的测量 | 绝缘电阻表使用不当，扣 10 分；<br>测量中不会读数，扣 10 分；<br>测量方法不正确，扣 10 分 | 40 | | |
| 3 | 安全文明生产 | 每违反一次扣 5 分 | 10 | | |
| 4 | 考核时间：30 min | 最大超时 5 min，扣 10 分 | 10 | | |
| 5 | 开始时间 | 结束时间 | | | |

## 九、作　业

请问绝缘电阻表的作用及使用方法和使用注意事项是什么？

# 项目三    钳形电流表的使用

【学习目标】

（1）熟悉钳形电流表的结构。

（2）熟练掌握钳形电流表的使用方法。

## 一、钳形电流表的结构

钳形电流表又称钳形表，在不断开电路而需要测量电流的场合时，可使用钳形电流表。钳形表是根据电流互感器的原理制成的，其结构如图 3-5 所示。

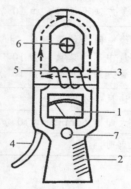

1—表头；2—手柄；3—铁心；4—铁心开关；5—二次绕组；6—被测导线；7—量程调节开关。

图 3-5    钳形电流表

## 二、钳形电流表的使用方法

使用时，将量程调节开关转到合适位置，手持胶木手柄，用食指勾紧铁心开关，便可打开铁心，将被测导线从铁心缺口引入到铁心中央（尽量使钳形电流表面板与被测导线保持垂直），然后放松勾住铁心开关的食指，铁心就自动闭合，被测导线的电流就在铁心中产生交变磁力线，感应出电流，表上指示出被测电流，可直接读数。

## 三、钳形表使用注意事项

（1）钳形表不得用来测高压线路的电流，被测线路的电压不能超过钳形表所规定的使用电压，以防绝缘层被击穿，造成人身触电。

（2）测量前应估计被测电流的大小，选择适当的量程，不可用小量程挡去测量大电流。

（3）每次测量只能钳入一根导线，测量时应将被测导线置于钳口中央部位，以提高测量准确度，如图 3-6 所示。

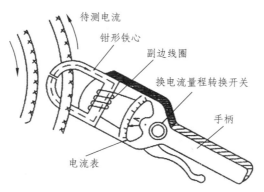

图 3-6　钳形电流表测量方法

（4）使用前检查仪表外观应清洁、完好。绝缘无破损，钳口无油污、锈蚀，钳口要结合紧密，若发现有杂声出现，可用酒精或汽油擦干净后再进行测量。

（5）测量 5 A 以下小电流时，可将被测导线多绕几圈再放入钳口测量，被测的实际电流值等于仪表读数除以放进钳口中导线的圈数。

（6）测量完毕，应将仪表的量程开关置于最大量程位置上，以防下次使用时由于使用者疏忽而造成仪表损坏。

## 四、技能训练

1．训练内容

测量三相异步电动机的电流。

2．工具及材料

电工工具、钳形电流表、小型三相异步电动机、电源线等。

3．训练步骤

（1）将三相异步电动机接线盒拆开，取下所有接线桩之间的连接片，使三相绕组两端 U1、U2、V1、V2、W1、W2 各自独立。

（2）按电动机铭牌规定，恢复有关接线桩之间的连接片，然后接通三相交流电源，通电运行，用钳形电流表测量电动机启动瞬间电流和空载电流。

（3）在电动机空载运行时，人为断开一相电源，用钳形电流表测量缺相运行电流。

4．注意事项

在电动机运行时，应注意人身安全。

## 五、考核标准及评分

| 序号 | 主要内容 | 评分标准 | 配分 | 扣分 | 得分 |
|---|---|---|---|---|---|
| 1 | 电动机空载电流的测量 | 钳形电流表使用不当，扣 10 分；<br>测量中不会读数，扣 10 分；<br>测量方法不正确，扣 10 分 | 45 | | |
| 2 | 电动机缺相电流的测量 | 钳形电流表使用不当，扣 10 分；<br>测量中不会读数，扣 10 分；<br>测量方法不正确，扣 10 分 | 45 | | |
| 3 | 安全文明生产 | 每违反一次扣 5 分 | 10 | | |
| 4 | 考核时间：30 min | 最大超时 5 min，扣 10 分 | | | |
| 5 | 开始时间： | 结束时间： | | | |

## 六、作　业

钳形电流表的使用方法及使用注意事项是什么？

# 模块四　电工基本技能训练

## 【教学目标】

（1）掌握导线的剥削、导线连接。
（2）掌握绝缘层恢复等基本技能。
（3）掌握导线与电器接线端子的连接。

## 项目一　导线绝缘层的剖削

## 【学习目标】

（1）掌握电工刀剥削导线的方法。
（2）掌握钢丝钳剥削导线的方法。
在电气装修中，导线的连接是电工的基本操作技能之一。导线连接的质量好坏，直接关系着线路和设备能否可靠、安全地运行。对导线的基本要求是：电接触良好，有足够的机械强度，接头美观，绝缘恢复正常。

### 一、导线绝缘层的剖削

#### （一）塑料硬线绝缘层的剖削

（1）塑料硬线绝缘层可用钢丝钳进行剥离，也可用剥线钳或电工刀进行剖削。对于芯线截面积为 4 mm² 塑料硬线，一般可用钢丝钳进行剖削，其方法如图 4-1 所示，步骤如下：
① 用左手捏导线，根据线头所需长短用钢丝钳口切割绝缘层，但不可切入线芯。
② 用手握住钢丝钳头用力向外勒出塑料绝缘层。
③ 剖削出的芯线应保持完整无损，如损伤较大，应重新剖削。
（2）对于芯线截面积大于 4 mm² 的塑料导线，可用电工刀来剖削绝缘层。其方法如图 4-2 所示，其步骤如下：
① 根据所需的长度用电工刀以倾斜 45° 角切入塑料层，如图 4-2（b）所示。

图 4-1　钢丝钳剖削塑料硬线绝缘层

② 刀面与芯径保持 15° 角左右，用力向线端推削，但不可切入芯线，削去上面一层塑料绝缘层，如图 4-2（c）所示。

③ 将切下的塑料绝缘层向后扳翻，如图 4-2（d）所示。

④ 最后用电工刀齐根切去。

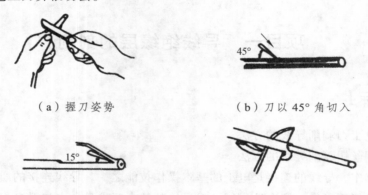

（a）握刀姿势　　　　　　　　　（b）刀以 45° 角切入

（c）刀以 15° 倾角推入切削　　　（d）反转塑料层并在根部切除

图 4-2　电工刀剖削塑料硬线绝缘层

## （二）塑料软线绝缘层的剖削

塑料软线绝缘层只能用剥线钳或钢丝钳剖削，不可用电工刀剖削，其剖削方法同塑料硬线绝缘层的剖削方法一样。

## （三）塑料护套线绝缘层的剖削

塑料护套线的绝缘层必须用电工刀来剖削，剖削方法如下：

（1）按所需长度用刀尖对准芯线缝隙划开护套层，如图 4-3（a）所示。

（2）向后扳翻护套，用刀齐根切去，如图 4-3（b）所示。刀深度为 2～3 mm，不应损坏内层绝缘。

（3）在距离护套层 5～10 mm 处，用电工刀以倾斜 45° 角切入绝缘层。其剖削方法同塑料硬线绝缘层的剖削方法一样。

（a）划开护套层　　　　　　（b）齐根切去

图 4-3　电工刀剖削塑料护套线绝缘层

## （四）橡皮线绝缘层的剖削

橡皮线绝缘层外面有一层柔软的纤维保护层，其剖削方法如下：

（1）先把橡皮线纺织保护层用电工刀尖划开。

（2）然后用剖削塑料线绝缘层相同的方法剖去橡胶层。

（3）最后将松散的棉纱层集中到根部，用电工刀切去。

## （五）花线绝缘层的剖削

其剖削方法如图 4-4 所示，步骤如下：

（1）在所需长度处用电工刀在棉纱纺织物保护层四周切割一圈后拉去。

（2）距棉纱纺织物保护层末端 10 mm 处用钢丝钳刀口切割橡胶绝缘层，不能损伤芯线。然后右手握住钳头，用手把花线用力抽拉，钳口。

（3）最后把包裹芯线的棉纱层松敞开来，用电工刀割去。

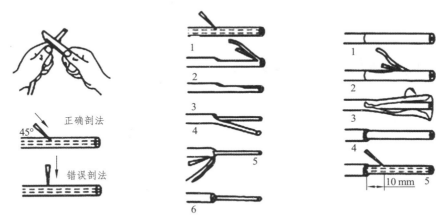

（a）线头的剖削角度　　（b）塑料线头的剖削过程　　（c）皮线线头的剖削过程

图 4-4　花线绝缘层的剖削

# 二、技能训练

1．训练内容

各种导线剥削方法。

2．工具及材料

电工刀、尖嘴钳、钢丝钳、各种导线等。

3．注意事项

使用电工刀剥线时应注意安全，防止误伤他人与自己。

## 三、考核标准及评分

| 序号 | 主要内容 | 评分标准 | 配分 | 扣分 | 得分 |
|---|---|---|---|---|---|
| 1 | 电工刀剥线方法 | 姿势是否正确，剥削方法是否正确 | 45 | | |
| 2 | 钢丝钳剥线方法 | 姿势是否正确，剥削方法是否正确 | 45 | | |
| 4 | 安全文明生产 | 每违反一次扣5分 | 10 | | |
| 5 | 考核时间：30 min | 最大超时5 min，扣10分 | | | |
| 6 | 开始时间 | 结束时间 | | | |

## 四、作　业

（1）钢丝钳剥线的方法及使用注意事项是什么？

（2）电工刀剥线的方法及使用注意事项是什么？

# 项目二 导线的连接

【学习目标】

（1）掌握单股铜芯线（铝线）的连接方法。

（2）掌握多股铜芯线（铝线）的连接方法。

当导线不够长或要分接支路时，就要进行导线与导线的连接。常用导线的线芯有单股、7 股和 11 股等多种，连接方法随芯线股数的不同而异。

## 一、单股铜芯线的直线连接

### （一）单股铜芯线的直线连接

（1）绝缘剥削长度为芯线直径的 70 倍左右，去掉氧化层。

（2）把剥好两线头的芯线呈 X 形相交，如图 4-5（a）所示。

（3）互相绞接 2~3 圈，然后扳直两线头，如图 4-5（b）所示。

（4）将每个线头在芯线上贴紧并缠绕 6 圈，用钢丝钳切去余下的芯线，并钳平芯线末端，如图 4-5（c）、（d）所示。

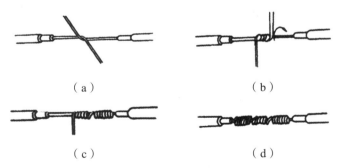

（a）                    （b）

（c）                    （d）

图 4-5 单股铜芯线的直线连接

### （二）大截面单股铜导线连接方法

先在两导线的芯线重叠处填入一根相同直径的芯线，再用一根截面约 1.5 mm$^2$ 的裸铜线在其上紧密缠绕，缠绕长度为导线直径的 10 倍左右，然后将被连接导线的芯线线头分别折回，再将两端的缠绕裸铜线继续缠绕 5~6 圈后剪去多余线头即可，如图 4-6 所示。

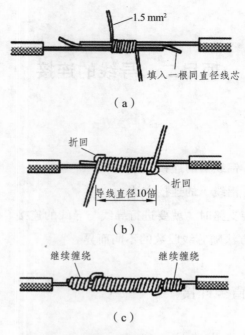

图 4-6 大截面单股铜导线连接方法

## （三）不同截面单股铜导线连接方法

如图 4-7 所示，先将细导线的芯线在粗导线的芯线上紧密缠绕 5～7 圈，然后将粗导线芯线的线头折回紧压在缠绕层上，再用细导线芯线在其上继续缠绕 3～4 圈后剪去多余线头即可，如图 4-7 所示。

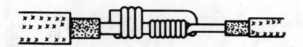

图 4-7 不同截面单股铜导线连接方法

## （四）软线与单股硬导线的连接

先将软线拧成单股导线，再在单股硬导线上缠绕 7～8 圈，最后将单股硬导线向后弯曲，以防止绑脱落，如图 4-8 所示。

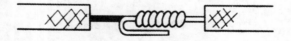

图 4-8 软线与单股硬导线的连接

## （五）双股线的对接

将两根双芯线线头剖削成图 4-9 中所示的形式。连接时，将两根待连接的线头中颜色一致的芯线按小截面直线连接方式连接（见图 4-5）；用相同的方法将另一颜色的芯线连接在一起，如图 4-9 所示。

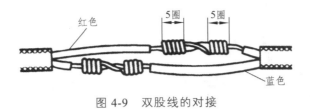

图 4-9　双股线的对接

## 二、单股铜芯线的 T 形分支连接

### （一）直径较粗单股铜芯线的 T 形分支连接

将分支芯线的线头与干芯线十字相交，使支路芯线根留出 3～5 mm，然后按顺时针方向缠绕支路芯线，缠绕 6～8 圈后，用钢丝钳切去余下的芯线，并钳平芯线末端，如图 4-10 所示。

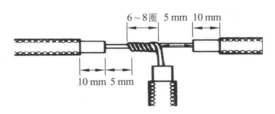

图 4-10　直径较粗单股铜芯线的 T 形分支连接

### （二）直径较细单股铜芯线的 T 形分支连接

（1）较小截面积芯线可按如图 4-11 所示方法环绕成结状，然后再把支路芯线头抽紧扳直紧密地缠绕 6～8 圈后剪去多余芯线，钳平切口毛刺。

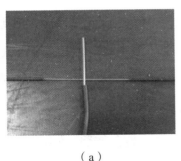
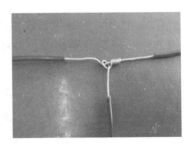

　　　（a）　　　　　　　　　　（b）　　　　　　　　　　（c）

图 4-11　直径较细单股铜芯线的 T 形分支连接

（2）单股铜导线的十字分支连接如图 4-12 所示，将上下支路芯线的线头紧密缠绕在干路芯线上 5～8 圈后剪去多余线头即可。可以将上下支路芯线的线头向一个方向缠绕，如图 4-12（a）所示；也可以向左右两个方向缠绕，如图 4-12（b）所示。

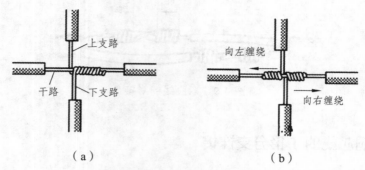

图 4-12　单股铜导线的十字对接

## 三、多股铜芯线的直线连接

### （一）7股铜芯导线的直线连接

（1）绝缘剖削长度应为导线线径的 21 倍左右，图 4-13（a）所示。

（2）把做好的两伞骨状线端隔根对叉，必须相对插到底，如图 4-13（b）所示。

（3）捏平插入后的两侧所有芯线，并应理直每股芯线和使每股芯线的间隔均匀；同时用钢丝钳钳紧叉口处消除空隙，图 4-13（c）所示。

（4）先在一端把邻近的两股芯线在距叉口中线约 3 根单股芯线直径宽度处折起，并形成 90°，如图 4-13（d）所示。

（5）接着把这两股芯线按顺时针方向紧缠 2 圈后，再折回 90° 并平卧在折起前的轴线位置上，图 4-13（e）所示。

（6）接着把与刚才邻近的 2 根芯线折成 90°，并按步骤（5）方法加工，如图 4-13（f）所示。

（7）把余下的 3 根芯线按步骤（5）方法缠绕，如图 4-13（g）所示。至第 2 圈时，把前 4 根芯线在根部分别切断，并钳平；接着把 3 根芯线缠足 3 圈，然后剪去余端，钳平切口不留毛刺，如图 4-13（h）所示。

（8）另一侧按步骤（4）~（8）进行加工，如图 4-13（i）所示。

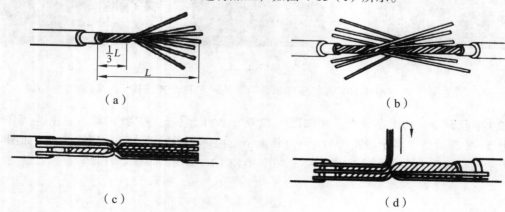

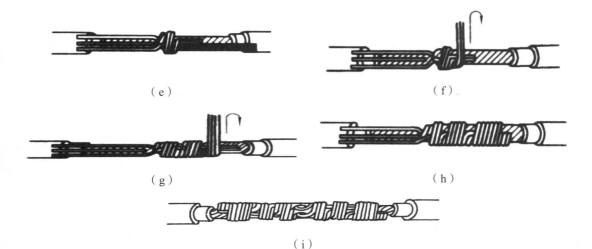

（e）          （f）

（g）          （h）

（i）

图 4-13  7 股铜芯导线的直线连接

## （二）7 股铜芯导线的分支连接

7 股铜芯导线的分支连接步骤如图 4-14 所示。

（1）把分支芯线散开钳直，若线端剖开长度为 1，则把近绝缘层 1/8 的芯线绞紧，把分支线头的 7/8 的芯线分成两组，一组 4 根，另一组 3 根，并且排齐，如图 4-14（a）所示。然后用螺钉旋具把干芯线撬分成两组，再把支线成排插入缝隙间，如图 4-14（b）所示。

（2）把插入缝隙的 7 根线头分成两组，一组 3 根，另一组 4 根，分别按顺时针方向和逆时针方向缠绕 3~4 圈后，钳平线端，如图 4-14（c）、（d）所示。

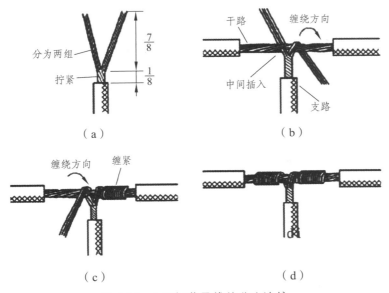

（a）          （b）

（c）          （d）

图 4-14  7 股铜芯导线的分支连接

### （三）单股线与多股线的 T 字分支连接

（1）离多股线的左端绝缘层口 3～5 mm 处的芯线上，用螺丝刀把多股芯线分成较均匀的两组（如 7 股线的芯线 3、4 分组），如图 4-15（a）所示。

（2）把单股芯线插入多股芯线的两组芯线中间，但单股芯线不可插到底，应使绝缘层切口离多股芯线约 3 mm 的距离。接着用钢丝钳把多股芯线的插缝钳平钳紧，如图 4-15（b）所示。

（3）把单股芯线按顺时针方向紧缠在多股芯线上，应使圈紧挨密排，至少绕足 10 圈；然后切断余端，钳平切口毛刺，如图 4-15（c）所示。

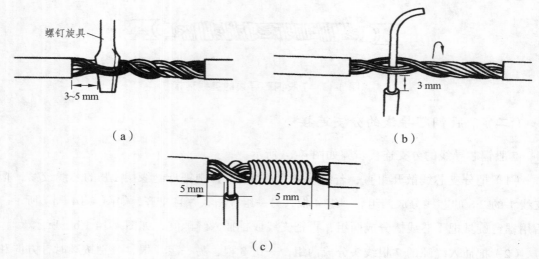

图 4-15　单股线与多股线的 T 字分支连接

## 四、铝芯导线的连接

由于铝极易氧化，而且铝氧化膜的电阻率很高，所以铝芯导线不宜采用铜芯导线的方法进行连接，铝芯导线常采用螺钉压接法、压接管压接法和沟线夹螺柱连接。

### （一）螺钉压接法连接

螺钉压接法连接适用于负荷较小的单股铝芯导线的连接，其步骤如下：

（1）把削去绝缘层的铝芯线头用钢丝刷刷去表面的铝氧化膜，并涂上中性凡士林，如图 4-16（a）所示。

（2）直线连接时，先把每根铝芯导线在接近线端处卷上 2～3 圈，以备线头断裂后再次连接使用；然后把四个线头两两相对地插入两只瓷接头（又称接线桥）的四个接线柱上；最后旋紧接线桩上的螺钉，如图 4-16（b）所示。

（3）若要分路连接时，要把支路导线的两个芯线头分别插入两个接线桩上，最后旋紧螺钉，如图 4-16（c）所示。

（4）最后在瓷接头上加罩铁皮盒盖。

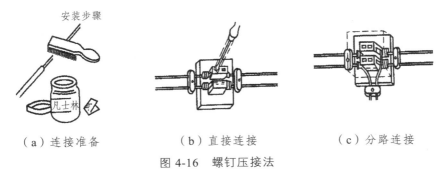

（a）连接准备　　　　　（b）直接连接　　　　　（c）分路连接

图 4-16　螺钉压接法

如果连接处是在插座或熔断器附近，则不必用瓷接头，可用插座或熔断器上的接线桩进行连接。

## （二）压接管压接法连接

压接管压接法连接适用于较大负荷的多根铝芯导线的直线连接。液压手动压接钳和压接管（又称钳接管）如图 4-17（a）、（b）所示。其步骤如下：

（1）根据多股铝芯导线规格选择合适的铝压接管。

（2）用钢丝刷清除铝芯表面和压接管内壁的铝氧化层，涂上一层中性凡士林。

（3）把两根铝芯导线线端相对穿入压接管，并使线端穿出压接管 25～30 mm，如图 4-17（c）所示。

（4）然后进行压接，如图 4-17（d）所示。压接时，第一道坑应在铝芯线端一侧，不可压反，压接坑的距离和数量应符合技术要求。压接后的铝芯线如图 4-17（e）所示。

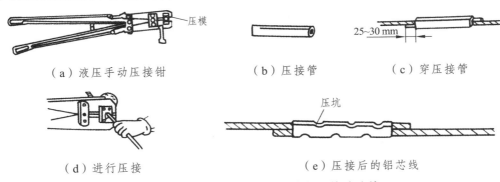

（a）液压手动压接钳　　　　（b）压接管　　　　（c）穿压接管

（d）进行压接　　　　　　（e）压接后的铝芯线

图 4-17　压接钳和压接管及压接管压接法连接

## （三）铝芯导线用沟线夹螺栓压接

连接前，先用钢丝刷除去导线线头和沟线夹线槽内壁上的氧化层和污物，涂上凡士林锌膏粉（或中性凡士林），然后将导线卡入线槽，旋紧螺栓，使沟线夹紧紧夹住线头而完成连接。为防止螺栓松动，压紧螺栓上应套以弹簧垫圈，如图 4-18 所示。

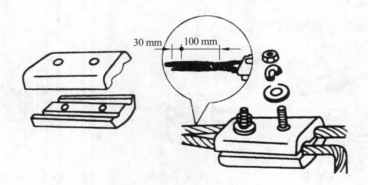

图 4-18　铝芯导线用沟线夹螺栓压接

## 五、技能训练

1．实习内容

（1）单股铜芯线的直线连接和 T 字形连接。

（2）多股（7 芯）线的直线连接和 T 字形连接。

（3）其他类型的导线连接。

2．工具、器材

尖嘴钳，平口钳，断线钳，单股芯线，7 股芯线。

3．实习步骤

（1）剖削导线绝缘层。

（2）做单股铜芯线和七股铜芯线连接。

4．注意事项

（1）剥削导线时不能损伤线芯，且余量要合适。

（2）连接时注意工艺要求和技术规范。

## 六、考核标准及评分

| 序号 | 主要内容 | 评分标准 | 配分 | 扣分 | 得分 |
|---|---|---|---|---|---|
| 1 | 单股导线直线连接 | 导线绝缘层剖削方法错误，扣 5 分；<br>导线有伤痕，每处扣 5 分；<br>缠绕方法错误，扣 10 分；<br>缠绕不紧密、不整齐，扣 5 分；<br>导线连接不紧、不平整，扣 5 分 | 20 | | |
| 2 | 单股导线 T 字形连接 | | 20 | | |
| 3 | 多股导线直线连接 | | 20 | | |
| 4 | 多股导线 T 字形连接 | | 20 | | |
| 5 | 其他类型导线的连接 | | 10 | | |

| 序号 | 主要内容 | 评分标准 | 配分 | 扣分 | 得分 |
|------|----------|----------|------|------|------|
| 6 | 安全文明生产 | 是否清理工作环境；<br>是否出现违法安全操作规程 | 10 | | |
| 备注 | 时间：20 min | | 合计 | | |
| | | | 指导教师 | | |

## 七、作　业

（1）导线连接时的注意事项是什么？

（2）导线缠绕方法与导线线径有关系吗？为什么？

# 项目三　绝缘层的恢复

【学习目标】

（1）掌握剥削后导线的连接方法及技能。

（2）掌握连接导线绝缘层恢复的技能。

导线连接后，必须恢复绝缘，导线的绝缘层破损后，也必须恢复其绝缘，并要求恢复后的绝缘强度应不低于原来绝缘层的绝缘强度。通常用黄蜡带、涤纶薄膜带和黑胶带作为恢复绝缘层的材料，黄蜡带和黑胶带一般选用宽度 20 mm 较为适中，包缠操作也方便。

## 一、直连导线绝缘带的包缠方法

绝缘带的包缠方法如下：将黄蜡带从导线左边完整的绝缘层上开始包缠，包缠两根带宽后方可进入无绝缘层的金属芯线部分，如图 4-19（a）所示。包缠时黄蜡带与导线保持约 55°的倾斜角，每圈压叠带宽的 1/2，如图 4-19（b）所示。包缠一层黄蜡带后，将黑胶布接在黄蜡带的尾端，按反向斜叠方向包缠一层黑胶带，也要每圈压叠带宽的 1/2，如图 4-19（c）和图 4-19（d）所示。

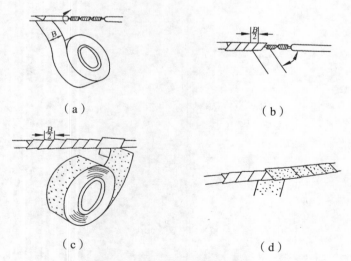

（a）　　　　　　　　　　　　　　　　（b）

（c）　　　　　　　　　　　　　　　　（d）

图 4-19　直连导线绝缘带的包缠

## 二、T 字形连接接头的绝缘恢复

（1）首先将黄蜡带从接头左端开始包缠，每圈叠压带宽的 1/2 左右，如图 4-20（a）所示。

（2）缠绕至支线时，用左手拇指顶住左侧直角处的带面，使它紧贴于转角处芯线，而且要使处于接头顶部的带面尽量向右侧斜压，如图4-20（b）所示。

（3）当围绕到右侧转角处时，用手指顶住右侧直角处带面，将带面在干线顶部向左侧斜压，使其与被压在下边的带面呈X状交叉，然后把带再回绕到左侧转角处，如图4-20（c）所示。

（4）使黄蜡带从接头交叉处开始在支线上向下包缠，并使黄蜡带向右侧倾斜，如图4-20（d）所示。

（5）在支线上绕至绝缘层上约两个带宽时，黄蜡带折回向上包缠，并使黄蜡带向左侧倾斜，绕至接头交叉处，使黄蜡带围绕过干线顶部，然后开始在干线右侧芯线上进行包缠，如图4-20（e）所示。

（6）包缠至干线右端的完好绝缘层后，再接上黑胶带，按上述方法包缠一层即可，如图4-20（f）所示。

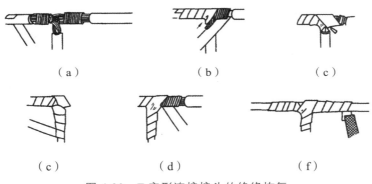

（a）　　　　　　　　（b）　　　　　　　　（c）

（c）　　　　　　　　（d）　　　　　　　　（f）

图4-20　T字形连接接头的绝缘恢复

## 三、注意事项

（1）在为工作电压为380 V的导线恢复绝缘时，必须先包缠1~2层黄蜡带，然后再包缠一层黑胶带。

（2）在为工作电压为220 V的导线恢复绝缘时，应先包缠一层黄蜡带，然后再包缠一层黑胶带，也可只包缠两层黑胶带。

（3）包缠绝缘带时，不能过疏，更不能露出芯线，以免造成触电或短路事故。

（4）绝缘带平时不可放在温度很高的地方，也不可浸染油类。

## 四、技能训练

根据项目中介绍的方法对直连导线和T字形连接导线的绝缘层进行恢复。

## 五、考核标准及评分

| 序号 | 主要内容 | 评分标准 | 配分 | 扣分 | 得分 |
|---|---|---|---|---|---|
| 1 | 直连导线接头的绝缘恢复 | 包缠方法错误，每处扣 5 分；<br>有水渗入绝缘层，每处扣 5 分；<br>有水渗到导线上，每处扣 5 分 | 40 | | |
| 2 | T 字形连接导线接头的绝缘恢复 | 包缠方法错误，每处扣 5 分；<br>有水渗入绝缘层，每处扣 5 分；<br>有水渗到导线上，每处扣 5 分 | 40 | | |
| 3 | 安全文明生产 | 应能够保证人身、设备安全，违反安全文明操作规程，扣 5~20 分 | 20 | | |
| 备注 | 时间：20 min | | 合计 | | |
| | | | 指导教师 | | |

## 六、作　业

（1）导线直连接和 T 字形连接时绝缘层如何恢复？

（2）导线绝缘层恢复时的注意事项是什么？

# 项目四　导线与电器接线端子的连接

## 【学习目标】

（1）掌握单股铜芯线电器接线端子的连接方法与技能。

（2）掌握多股铜芯线电器接线端子的连接。

在各种用电器或电气装置上，均有连接导线的接线桩，常见的接线桩有针孔式和螺钉平压式等。掌握导线与各种形式接线桩的连接方法，对线芯线头必须按工艺处理。

## 一、单股线头与柱形端子（孔）的连接

### （一）单股线芯与孔的连接方法

在通常情况下，线芯直径都小于孔径，且多数可插入两股线芯，因此必须把线头的线芯对折成双股后插入孔内，如图 4-21（a）所示，并应使压紧螺钉顶住双股线芯的中间，如图 4-21（b）所示。如果线芯直径较大，无法将双股线芯插入，则应在单股芯线插入孔前把线芯端子略折一下，转折的端头翘向孔上部或直接插入孔中，如图 4-21（c）所示。

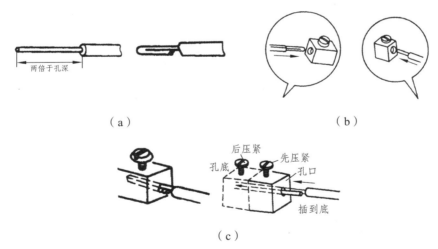

（a）　　　　　　　　　　　　　　　（b）

（c）

图 4-21　单股线芯与柱形端子（孔）的连接法

### （二）单股线头与平压式接线桩的连接方法

（1）首先剥去线头绝缘层，在离导线绝缘层根部约 3mm 处向外侧折角，如图 4-22（a）所示。

（2）按略大于螺钉直径弯曲圆弧，再剪去线芯余端并修正圆圈，如图 4-22（b）、（c）所示。

（3）把线芯弯成的圆圈套在螺钉上，圆圈弯曲的方向应跟螺钉旋转方向一致，然后拧紧螺钉，通过垫圈紧压导线，如图 4-22 所示。

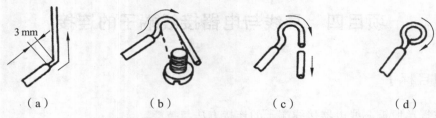

（a）　　　　　（b）　　　　　（c）　　　　　（d）

图 4-22　单股线头与平压式接线桩的连接

### （三）线头与瓦形接线桩的连接方法

（1）将单股线芯端按略大于瓦形垫圈螺钉直径弯成"U"形，螺钉穿过"U"形孔压在垫圈下旋紧，如图 4-23（a）所示。

（2）如果两个线头接在同一瓦形接线桩上，接法如图 4-23（b）所示。

（a）一个线头连接　　　　　（b）两个线头连接

图 4-23　线头与瓦形接线桩的连接

## 二、多股线芯的连接方法

### （一）多股线芯与柱形端子的连接方法

如图 4-24 所示，在线芯直径与孔大小较匹配时，把线芯进一步绞紧后装入孔中即可；孔过大时，可用一根单股线芯在绞紧后的线芯上紧密地排绕一层；孔过小时，可把多股线芯处于中心部位的线芯剪去几股，重新绞紧进行连接。

（a）针孔合适的连接

（b）针孔过大时的处理　　　　　（c）针孔过小时的处理

图 4-24　多股线芯柱形端子的连接方法

**（二）多股线芯压接圈的弯法**

（1）将距离绝缘层线芯线头根部约 1/2 线芯从根部绞紧，越紧越好，如图 4-25（a）所示。

（2）把重新绞紧部分线芯，在 1/3 处向左外折角约 45°，然后开始弯曲成圆弧状，如图 4-25（b）所示。

（3）当圆弧弯曲得将成圆圈（剩下 1/4）时，应把余下的芯线一根根理直，并紧贴根部芯线，使之成圆，如图 4-25（c）所示。

（4）把弯成压接圈后的线端翻转 180°，然后将处于最外侧且邻近的两根芯线扳成直角，如图 4-25（d）所示。

（5）在离圈外沿约 5 mm 处进行缠绕，缠绕方法与 7 股芯线直线对接相同，如图 4-25（e）所示。

（6）缠成后使压接圈及根部平整挺直，如图 4-25（f）所示。对于载流量较大的导线，应在弯成压接圈后再进行搪锡处理。

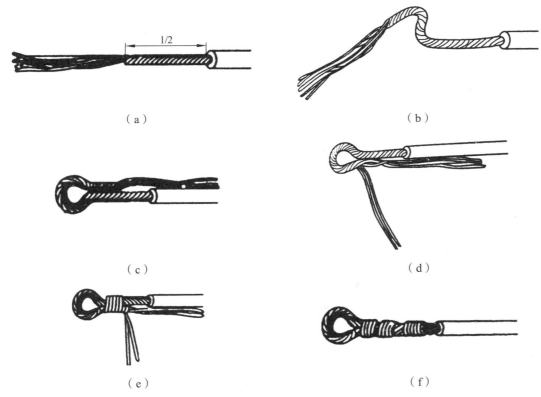

（a）　　　　　　　　　　　　　　（b）

（c）　　　　　　　　　　　　　　（d）

（e）　　　　　　　　　　　　　　（f）

图 4-25　多股线芯压接圈的弯法

（7）当导线截面积超过 16 mm$^2$ 时，一般不宜采用压接圈进行连接，应采用线端加装接线耳由接线耳套入接线螺栓并压紧的方法来进行电气连接。

**（三）软导线线头的连接方法**

软导线线头的连接方法应按图 4-26 所示方法进行连接。

（a）围绕螺钉后再自绕　　　（b）自绕一圈后，导线端头压入螺钉

图 4-26　软导线线头和螺钉的接法

　　注意，不论是单股线芯或多股线芯，其线头在插入孔时必须插到底，同时绝缘层不得插入孔内，孔外的裸线头长度不得超过 3 mm。

## 三、安全注意事项

（1）线头的连接方法应正确，接线应牢固，避免线头松脱。

（2）多股芯线线头应互绞后再接桩头，切不可有细丝露在外面。

## 四、技能训练

1．实习内容

（1）将两根长若干的 BV 1.0 mm$^2$ 和 BVR 1.0 mm$^2$ 塑料铜芯线做孔式或柱形连接。

（2）将两根长若干的 BV 0.5 mm$^2$ 和 BVR 0.5 mm$^2$ 塑料铜芯线做孔式或柱形连接。

2．工具、器材

尖嘴钳，平口钳，断线钳，单股芯线，7 股芯线。

3．实习步骤

（1）剖削导线绝缘层。

（2）使用单股铜芯线和七股铜芯线进行孔式或柱形接线桩的连接。

4．注意事项

（1）剥削导线时不能损伤线芯，且余量要合适。

（2）连接时注意工艺要求和技术规范。

## 五、考核标准及评分

| 序号 | 主要内容 | 评分标准 | 配分 | 扣分 | 得分 |
|---|---|---|---|---|---|
| 1 | 单股铜芯线的柱形或孔式接法 | 接线方法不正确，扣5分；<br>导线损伤，每根扣5分；<br>工艺要求不符合要求，每处扣5分 | 45 | | |
| 2 | 多股铜芯线的柱形或孔式接法 | 接线方法不正确，扣5分；<br>导线损伤，每根扣5分；<br>工艺要求不符合要求，每处扣5分 | 45 | | |
| 4 | 安全文明生产 | 发生安全事故，扣5分；<br>材料摆放零乱，扣5分 | 10 | | |
| 备注 | | 时间：40 min | 合计<br>指导教师 | | |

## 六、作　业

（1）接线头或接线柱的接线方法有哪几种？

（2）单股线和多股线接线头接线柱接线时有区别吗？

# 模块五　电工外线安装基本技能训练

## 【教学目标】

（1）掌握电工外线瓷瓶绑扎方法和基本技能。

（2）掌握护套线配线方法和基本技能。

（3）掌握线管配线方法和基本技能。

# 项目一　瓷瓶绑扎

## 【学习目标】

（1）掌握低压瓷瓶直线支持点的绑扎方法。

（2）掌握低压瓷瓶始、终端支持点的绑扎方法。

（3）掌握针式瓷瓶的颈部绑扎方法。

（4）掌握针式资瓶的顶部绑扎方法。

（5）掌握瓷瓶与横担的绑扎方法。

在低压和 10 kV 高压的架空线路上，通常都用瓷瓶作为导线的支持物。导线与瓷瓶之间的固定，均采用绑扎方法。裸铝绞线在绑扎前，对导线应做保护处理，方法是：用铝带采用如图 5-1 所示方法进行包缠，包缠长度以两端各伸出绑扎处 20 mm 为准，如瓷瓶绑扎总长为 120 mm，则保护层总长应为 160 mm。在包缠时，铝带每圈排列必须整齐、紧密和平服，前后圈带之间不可压迭。

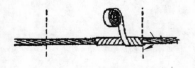

（a）中间起端包缠　　　　　　　　（b）折向左端包缠

（c）折向右端包缠　　　　　　　　（d）包到中间收尾

图 5-1　裸铝导线绑扎保护层

## 一、低压瓷瓶直线支持点的绑扎方法

该方法是把电线紧贴在瓷瓶嵌线槽内，把扎线一端留出足够，在嵌线槽中绕 1 圈和在导线上绕 10 圈的长度，并使扎线和导线成 X 状相交，如图 5-2（a）所示。把盘成圈状的扎线，从导线右边下方绕嵌线槽背后缠至导线左边下方，并压住原扎线和导线，然后绕至导线右边，再从导线右边上方围绕至导线左边下方，如图 5-2（b）所示。在贴近瓷瓶处开始，把扎线紧缠在导线上，缠满 10 圈后剪除余端，如图 5-2（c）所示。把扎线的另一端围绕到导线右边下方，也要从贴近瓷瓶处开始，紧缠在导线上，缠满 10 圈后剪除余线，如图 5-2（d）所示。绑扎完毕如图 5-2（e）所示。

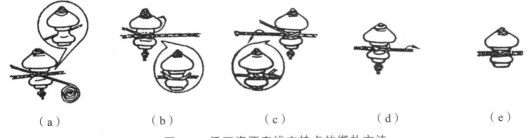

（a）　　　　　（b）　　　　　（c）　　　　　（d）　　　　　（e）

图 5-2　低压瓷瓶直线支持点的绑扎方法

## 二、低压瓷瓶始、终端支持点的绑扎方法

该方法是把导线末端先在瓷瓶嵌线槽内围绕 1 圈，如图 5-3（a）所示；接着把导线末端压住后再围绕第 2 圈，如图 5-3（b）所示；把扎线短端嵌入两导线末端并合处的凹缝中，扎线长端在贴近瓷瓶处按顺时针方向把两导线紧紧地缠扎在一起，如图 5-3（c）所示；把扎线的长端在两导线上进行并圈紧缠，当缠到 100 mm 后即与扎线短端用钢丝钳紧绞 6 圈，然后剪去余端，并使它紧贴在两导线的夹缝中，如图 5-3（d）所示。

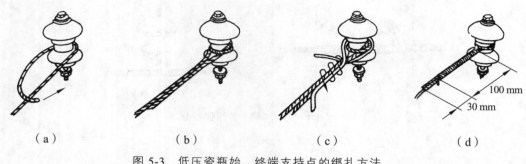

图 5-3　低压瓷瓶始、终端支持点的绑扎方法

## 三、针式瓷瓶的颈部绑扎方法

该方法是把扎线短端先在贴近瓷瓶处的导线右边缠绕 3 圈，接着与扎线长端互绞 6 圈，并把导线嵌入瓷瓶颈部的嵌线槽内，如图 5-4（a）所示；一手把导线扳紧在嵌线槽中，另一手把扎线长端从瓷瓶背后紧紧地围绕到导线左下方，如图 5-4（b）所示；接着把扎线长端从导线的左下方围绕到导线的右上方，并如同上法再把扎线长端绕扎瓷瓶一圈，如图 5-4（c）所示；然后把扎线长端再围绕到导线左上方，并继续绕到导线右下方，使扎线在导线上形成 X 形的交绑状，如图 5-4（d）所示；再把扎线如上法绑扎围绕到导线左上方，如图 5-4（e）所示；最后把扎线长端在贴近瓷瓶处紧缠导线 3 圈后，向瓷瓶背部绕去，与扎线短端紧绞 6 圈后，剪去余端，如图 5-4（f）所示。

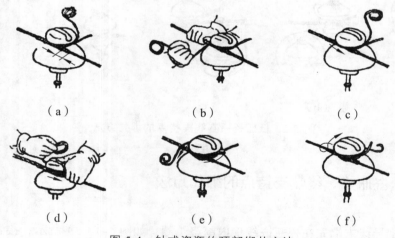

图 5-4　针式瓷瓶的颈部绑扎方法

## 四、针式瓷瓶的顶部绑扎方法

该方法是把导线嵌入瓷瓶顶嵌线槽内，并在导线右边瓷瓶处加上扎线，在导线上绕 3 圈，如图 5-5（a）所示；接着把扎线长端按顺时针方向从瓷瓶颈槽中围绕到导线左边内侧，如图 5-5（b）所示；接着贴近瓷瓶处在导线上缠绕 3 圈，如图 5-5（c）所示；然后再按顺时针方

向围绕到导线右边外侧，并在导线上再缠绕 3 圈（位置排在原 3 圈外侧），如图 5-5（d）所示；然后再围绕到导线左边，继续缠绕 3 圈（也排列在原 3 圈外侧），如图 5-5（e）所示；此后重复图 5-5（d）所示方法，把扎线围绕到导线右边外侧，并斜压住顶槽中导线，继续扎到导线左边内侧，如图 5-5（f）所示；接着从导线左边内侧按逆时针方向围绕到导线右边内侧，如图 5-5（g）所示；然后把扎线从导线右边内侧斜压住顶槽中导线，并绕到导线左边外侧，使顶槽中导线被扎线压成 X 状，如图 5-5（h）所示；最后扎线从导线右边外侧按顺时针方向围绕到扎线短端处，并相交于瓷瓶中间进行互绞 6 圈后剪去余端，如图 5-5（i）所示。

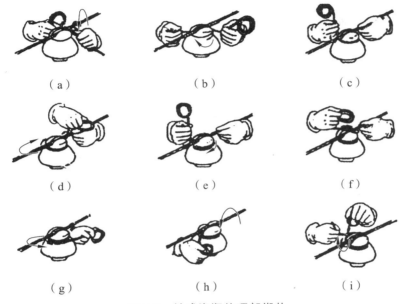

图 5-5　针式瓷瓶的顶部绑扎

## 五、导线与瓷横担的绑扎方法

该方法也分颈绑和顶绑两种方法，均与针式瓷瓶的绑扎方法一样。

## 六、导线与瓷拉棒的绑扎方法

该方法类似低压瓷瓶始、终端绑扎，如图 5-6 所示。

图 5-6　导线与瓷拉棒的绑扎方法

各种绑扎方法的要求是：绑扎必须平服、整齐和牢固，并要防止钢丝钳钳伤导线和扎线。

　　扎线的要求是：铜芯裸导线要用铜扎线，铝芯裸导线要用铝扎线。导线截面在 50 mm²及以下时，宜采用直径为 2 mm 的扎线；在 70 mm² 及以上时，宜采用直径为 3 mm 扎线。绝缘导线要用表面有塑层的专用铝合金扎线，规格分有 $\phi2$ mm 、$\phi2.5$ mm 和 $\phi3$ mm 等多种。

## 七、瓷绝缘子配线注意事项

　　（1）在建筑物的侧面或斜面配线时，必须将导线绑扎在瓷绝缘子的上方，如图 5-7 所示。

　　（2）导线在同一平面内，如有转折时，瓷绝缘子必须装设在导线曲折角的内侧，如图 5-8 所示。

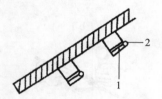

1—瓷绝缘子；2—导线。

图 5-7　瓷绝缘子在侧面或斜面上的绑扎

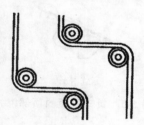

图 5-8　瓷绝缘子在同一平面的转折做法

　　（3）导线在不同的平面上曲折时，在凸角的两面上应装设两个瓷绝缘子，如图 5-9 所示。

　　（4）导线分支时，必须在分支点处设置瓷绝缘子，用以支持导线，导线互相交叉时，应在距建筑物近的导线上套瓷管保护，如图 5-10 所示。

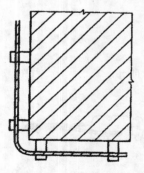

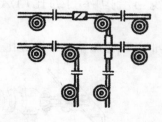

图 5-9　瓷绝缘子在不同平面的转弯做法　　　图 5-10　瓷绝缘子的分支做法

（5）平行的两根导线，应放在两瓷绝缘子的同一侧或在两瓷绝缘子的外侧，不能放在两瓷绝缘子的内侧，如图 5-11 所示。

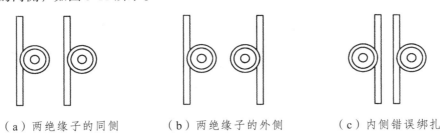

（a）两绝缘子的同侧 　　（b）两绝缘子的外侧 　　（c）内侧错误绑扎

图 5-11 平行导线在绝缘子上的绑扎

（6）瓷绝缘子沿墙壁垂直排列敷设时，导线弛度不得大于 5 mm，沿层架或水平支架敷设时，导线弛度不得大于 10 mm。

## 八、技能训练

1．实训内容

进行绝缘子始、终端绑扎和直线绑扎。

2．器材工具、仪表、器材

电工工具、ED-1 型绝缘子 4 只、1.5～2.5 mm² 铜芯绑扎线 3 m、BVR-16 mm² 铜芯线 2 m、1 000 mm×800 mm 木质配电板 1 块、$\phi$10 mm×120 mm 螺杆 4 套等。

3．训练步骤

（1）定位，划线。

（2）用螺杆固定绝缘子。

（3）先做左边绝缘子导线终、端绑扎练习，然后勒直导线做右边绝缘子上导线端绑扎练习。

（4）做中间直线绝缘子导线的绑扎练习。

4．注意事项

（1）绝缘子固定呈一条直线。

（2）绑扎绝缘子时注意顺时针方向缠绕。

（3）训练中注意人身安全。

## 九、考核标准及评分

| 序号 | 主要内容 | 评分标准 | 配分 | 扣分 | 得分 |
|---|---|---|---|---|---|
| 1 | 终端绑扎 | 导线缠绕方向错误，每个扣 10 分；<br>不服贴、不整齐，每个扣 10 分；<br>导线绑扎松动、不牢固，每个扣 20 分；<br>动作不熟练，扣 10 分 | 40 | | |
| 2 | 直线绑扎 | 导线缠绕方向错误，每个扣 10 分；<br>不服贴、不整齐，每个扣 10 分；<br>导线绑扎松动、不牢固，每个扣 20 分；<br>动作不熟练，扣 10 分 | 40 | | |
| 3 | 安全、文明生产 | 不清理工地，扣 10 分；<br>出现安全事故，扣 10 分 | 20 | | |
| 备注 | | 时间：30 min | 合计 | | |
| | | | 指导教师 | | |

## 十、作 业

（1）始、终端和顶部、颈部绑扎法各在什么情况下使用？

（2）始、终端为什么最后要缠绕 10 cm 或 10 cm 以上？

# 项目二　护套线配线

## 【学习目标】

（1）熟悉室内配线基本知识。

（2）掌握护套线路的配线方法。

（3）能采用护套线进行室内用电线路安装配线。

护套线是一种具有聚氯乙烯塑料或橡皮护套层的双芯或多芯导线，它具有防潮、耐酸和防腐蚀等性能，可直接敷设在空心楼板内和建筑物的表面，用钢精轧片或塑料卡作为导线的固定支持物。

护套线敷设的施工方法简单，线路整齐美观，造价低廉，目前已代替木槽板和瓷夹，广泛用于室内电气照明及其他配电线路。但护套线不宜直接埋入抹灰层内暗配敷设，也不宜在室外露天场所长期敷设，大容量电路也不能采用。

## 一、室内配线

### （一）室内配线的方法和类型选用

室内配线有明配线和暗配线两种。导线沿墙壁、天花板、桁架及柱子等明敷设称为明配线；导线穿管埋设在墙内、地坪内或装设在顶棚内称暗配线。

常用线路装置的类型和适用范围如表 5-1 所示。

表 5-1　常用线路装置的类型和适用范围

| 敷设方法 | 敷设场所 | | | | | |
|---|---|---|---|---|---|---|
| | 干燥 | 潮湿 | 户外 | 有可燃物质 | 有腐蚀性物质 | 有易燃易爆炸物质 |
| 绝缘子 | 适用 | 适用 | 适用 | 适用 | 适用 | |
| 塑料护套线 | 适用 | 适用 | 适用 | 适用 | 适用 | |
| 明、暗线管 | 适用 | 适用 | 适用 | 适用 | 适用 | 适用 |
| 电缆线 | 适用 | 适用 | 适用 | 适用 | 适用 | 适用 |

原有的木槽板和瓷夹线路，多作为照明线路或小容量的电热和动力线路使用，现在已被塑料护套线路代替，它们的适用范围与护套线路相同。

### （二）室内配线的技术要求

室内配线不仅要使电能传送安全、可靠，而且要使线路布置合理、整齐、安装牢固，其技术要求如下：

（1）所使用导线的额定电压应大于线路的工作电压。

应选用绝缘电线作为敷设用线，导线的绝缘应符合线路的安装方式和敷设环境的要求。线路中绝缘电阻一般规定为：相线对大地或对中性线之间不应小于 0.22 MΩ，相线与相线之间不应小于 0.38 MΩ。在潮湿、具有腐蚀性气体或水蒸气的场所，导线的绝缘电阻允许降低一些要求。

导线的截面应满足供电安全电流和机械强度的要求，一般的家用照明线路以选用 2.5 mm² 的铝芯绝缘导线或 1.5 mm² 的铜芯绝缘导线为宜，常用的橡皮、塑料绝缘电线在常温下的安全载流量如表 5-2 所示。

表 5-2　500 V 单芯橡皮、塑料绝缘电线在常温下的安全载流量

| 线芯截面积/mm² | 橡皮绝缘电线安全载流量/A | | 聚氯乙烯绝缘电线安全载流量/A | |
|---|---|---|---|---|
| | 铜芯 | 铝芯 | 铜芯 | 铝芯 |
| 0.75 | 18 | — | 16 | — |
| 1 | 21 | — | 19 | — |
| 1.5 | 27 | 19 | 24 | 18 |
| 2.5 | 33 | 27 | 32 | 25 |
| 4 | 45 | 35 | 42 | 32 |
| 6 | 58 | 45 | 55 | 42 |
| 10 | 85 | 65 | 75 | 59 |
| 16 | 110 | 85 | 105 | 80 |

（2）配线时应尽量避免导线有接头，因为常常会由于导线接头不好而造成事故，必须有接头时应采用压接和焊接的方法进行连接。导线连接和分支处不应受到机械力的作用。穿在管内的导线在任何情况都不能有接头，必要时应把接头放在接线盒或灯头盒内。

（3）明配线路在建筑物内应水平或垂直敷设。水平敷设时，导线距地面不小于 2.5 m；垂直敷设时，导线距地面不小于 2 m，否则应将导线穿在管内加以保护，以防机械损伤。配线位置应便于安装和检修。

（4）当导线穿过楼板时，应设钢管加以保护，钢管长度应从离楼板面 2 m 高处到楼板下出口处为止。

（5）导线穿墙要有瓷管保护，瓷管的两端出线口伸出墙面不小于 10 mm，这样可防止导线和墙壁接触，以免墙壁潮湿而产生漏电等现象。

（6）当导线沿墙壁或天花板敷设时，导线与建筑物之间的距离一般不小于 10 mm。在通过伸缩缝的地方，导线敷设应稍有松弛。

（7）当导线互相交叉时，为避免碰线，应在每根导线上套以塑料或其他绝缘套管，并将套管固定，不使其移动。

（8）为确保安全用电，室内电气管线和配电设备与其他管道、设备间的最小距离都有一定规定，详见表5-3（表中有两个数字者，分子为电气管线敷设在管道上的距离，分母为电气管线敷设在管道下的距离）。施工时，如不能满足表中所规定的距离，则应采取其他保护措施。

表5-3　室内电气管线和配电设备与其他管道、设备之间的最小距离

| 类别 | 管线及设备名称 | 管内导线/m | 明敷绝缘导线/m | 裸母线/m | 滑触线/m | 配电设备/m |
|---|---|---|---|---|---|---|
| 平行 | 煤气管 | 0.1 | 1.0 | 1.0 | 1.5 | 1.5 |
| | 乙炔管 | 0.1 | 1.0 | 2.0 | 3.0 | 3.0 |
| | 氧气管 | 0.1 | 1.0 | 1.0 | 1.5 | 1.5 |
| | 蒸汽管 | 1.0/0.5 | 1.0/0.5 | 1.0 | 1.0 | 0.5 |
| | 暖风管 | 0.3/0.2 | 0.3/0.2 | 1.0 | 1.0 | 0.1 |
| | 通风管 | — | 0.1 | 1.0 | 1.0 | 0.1 |
| | 上、下水管 | — | 0.1 | 1.0 | 1.0 | 0.1 |
| | 压缩气管 | — | 0.1 | 1.0 | 1.0 | 0.1 |
| | 工艺设备 | — | — | 1.5 | 1.5 | — |
| 交叉 | 煤气管 | 0.1 | 0.3 | 0.5 | 0.5 | — |
| | 乙炔管 | 0.1 | 0.5 | 0.5 | 0.5 | — |
| | 氧气管 | 0.1 | 0.3 | 0.5 | 0.5 | — |
| | 蒸汽管 | 0.3 | 0.3 | 0.5 | 0.5 | — |
| | 暖风管 | 0.1 | 0.1 | 0.5 | 0.5 | — |
| | 通风管 | — | 0.1 | 0.5 | 0.5 | — |
| | 上、下水管 | — | 0.1 | 0.5 | 0.5 | — |
| | 压缩气管 | — | 0.1 | 0.5 | 0.5 | — |
| | 工艺设备 | — | — | 1.5 | 1.5 | — |

（9）使用不同电价的用电设备，其线路应分开安装，如照明线路、电热线路和动力线路。使用相同电价的用电设备，允许安装在同一线路上，如小型单相电动机和小容量单相电炉，并允许与照明线路共用。具体安排线路时，还应考虑到检修和事故照明等需要。

（10）不同电压和不同电价的线路应有明显区别。安装在同一块配电板上时，应用文字注明，便于检修。

（11）低压网路中的线路，严禁利用与大地连接的接地线作为中性线，即禁止采用三线一地、二线一地和一线一地制线路。

## （三）室内配线工序

室内配线主要包括以下几道工序：

（1）按设计图纸确定灯具、插座、开关、配电箱、启动设备等的位置。

（2）沿建筑物确定导线敷设的路径、穿过墙壁或楼板的位置。

（3）在土建未抹灰前，将配线所有的固定点打好孔眼，预埋绕有铁丝的木螺钉、螺栓或木砖。

（4）装设绝缘支持物、线夹或管子、按线盒等。

（5）敷设导线。

（6）导线连接、分支和封端，并将导线出线接头和设备连接。

## 二、室内护套线配线

### （一）技术要求

（1）护套线芯线的最小截面积规定为：室内使用时，铜芯的不小于 1.0 mm²，铝芯的不小于 1.5 mm²；户外使用时，铜芯的不小于 1.5 mm²，铝芯的不小于 2.5 mm²。

（2）护套线路的接头要放在开关、灯头和插座等设备内部，以求整齐美观；否则应装设接线盒，将接头放在接线盒内，接线盒也可用木台代替。护套线线头的接线方法如图 5-12 所示。

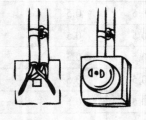
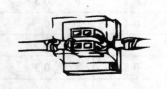

（a）在电气装置上进行中间或　　（b）在接线盒上进行　　（c）在接线盒上进行
　　　分支接头　　　　　　　　　　　中间接头　　　　　　　　　分支接头

图 5-12　护套线线头的接线方法

（3）护套线必须采用专用的线卡进行支持。

（4）护套线支持点的定位：直线部分，两支持点之间的距离为 0.2 m；转角部分，转角前后各应安装 1 个支持点；两根护套线十字交叉时，叉口处的四方各应安装 1 个支持点，共 4 个支持点；进入木台前应安装 1 个支持点；在穿入管子前或穿出管子后，均需各安装 1 个支持点。护套线路支持点的各种安装位置如图 5-13 所示。

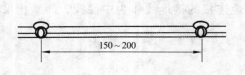
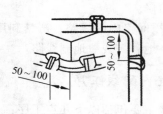

（a）直线部分　　　　　　　　　　　（b）转角部分

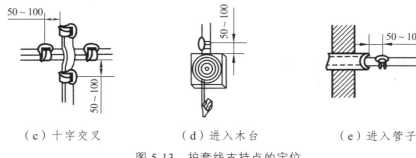

（c）十字交叉　　　　（d）进入木台　　　　（e）进入管子

图 5-13　护套线支持点的定位

（5）护套线线路的离地距离不得小于 0.15 m；在穿越楼板的一段以及在离地 0.15 m 以内部分的导线，应加钢管（或硬塑料管）保护，以防导线遭受损伤。

## （二）施工步骤

（1）准备施工所需的器材和工具。

（2）标画线路走向，同时标出所有线路装置和用电器具的安装位置，以及导线的每个支持点。

定位划线先根据各用电器的安装位置，确定好线路的走向，然后用弹线袋划线。按护套线的安装要求，通常直线部分取 150～200 m，其他各种情况取 50～100 m，划出固定钢精轧片线卡的位置，距开关插座和灯具的木台 50 m 处都需设置钢精轧片线卡的固定点，如图 5-13 所示。

（3）錾打整个线路上的所有木榫安装孔和导线穿越孔，安装好所有木榫，确保线路不松动。

（4）安装所有线卡。

钢精轧片的固定钢精轧片，其规格可分为 0 号、1 号、2 号、3 号、4 号等几种，号码越大长度越长。对于护套线线径大的或敷设线数多的，应选用号数较大的钢精轧片。在室内外照明线路中，通常用 0 号和 1 号钢精轧片线卡。

在木质结构上，可沿线路走向在固定点直接用钉子将线卡钉牢；在砖结构上，可用小铁钉钉在粉刷层内，但在转角、分支、进木台和进用电器处应预埋木榫。若线路在混凝土结构或预制板上敷设，可用环氧树脂或其他合适的黏合剂固定钢精轧片线卡。

（5）敷设导线。

放线工作是保证护套线敷设质量的重要环节，因此导线不能拉乱，不可使导线产生扭曲现象。在放线时需两人合作，一人把整盘线套握在双手中，另一人将线头向前直拉。放出的导线不得在地上拖拉，以免损伤护套层。如线路较短，为便于施工，可按实际长度并留有一定的余量，将导线剪断。放线的方法可参照图 5-14 所示进行。

（6）安装各种木台。

（7）安装各种用电装置和线路装置的电气元件。

（8）检验线路的安装质量。

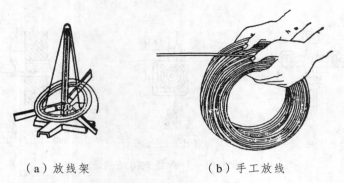

（a）放线架　　　　（b）手工放线

图 5-14　放线

## （三）施工方法

### 1．放　线

整圈护套线不能弄乱，不可使线的平面产生小半径的扭曲，在冬天放塑料护套线时尤应注意。

### 2．敷　线

（1）勒直：在护套线敷设之前，把有弯曲的部分用纱团裹捏后来回勒平，使之挺直，如图 5-15 所示。

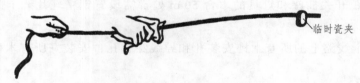

临时瓷夹

图 5-15　护套线勒直方法

（2）直敷：水平方向敷设护套线时，如果线路较短，为便于施工，可按实际需要长度将导线剪断，将它盘起来。敷线时，可先固定牢一端，然后拉紧护套线使线路平直后固定另一端，最后再固定中间段；如果线路较长，可用瓷夹板先将导线初步固定多处，然后再逐段固定并拆除相应瓷夹板，如图 5-16 所示。

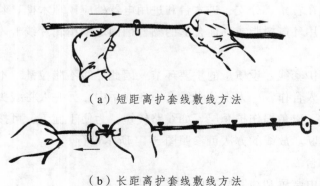

（a）短距离护套线敷线方法

（b）长距离护套线敷线方法

图 5-16　护套线敷线方法

垂直敷线时，应由上而下，以便于操作。平行敷设多根导线时，可逐根固定。

（3）弯敷：护套线在同一墙面转弯时，用手将导线勒平服贴后必须保持垂直，弯曲导线要均匀，再嵌入钢精轧片线卡，弯曲半径不得小于导线直径的 3~6 倍。转弯的前后应各固定一个线卡，两交叉处要固定 4 个线卡。如果中间有接头、分支，应加装接线盒，也可通过瓷接头或借用其他电器接线桩来连接线头。

### （四）护套线敷设的注意事项

（1）护套线截面的选择。室内铜芯线不小于 0.5 mm²，铝芯线不小于 1.5 mm²；室外铜芯线不小于 1.0 mm²，铝芯线不小于 2.5 mm²。

（2）护套线与接线盒或电气设备的连接。护套线进入接线盒或电器时，护套层必须随之进入。

（3）护套线的保护。敷设护套线不得不与接地体、发热管道接近或交叉时，应加强绝缘保护。容易机械损伤的部位，应穿钢管保护。护套线在空心楼板内敷设，可不用其他保护措施，但楼板孔内不应有积水和损伤导线的杂物。

（4）线路高度要求。护套线敷设离地面最小高度不应小于 500 m，在穿越楼板及离地低于 150 mm 的一般护套线，应加电线管保护。

## 三、技能训练

1．实训器材

（1）木制线路安装板 1 块。

（2）三芯塑料护套线 BVV（3×10），1 m。

（3）二芯塑料护套线 BVV（2×1.0），1 m。

（4）三线瓷接头，1 只。

（5）圆木，3 只。

（6）方木，1 只。

（7）单联平开关或拉线开关，1 只。

（8）双孔插座，1 只。

（9）螺口平灯头，1 只。

（10）瓷插式熔断器 RC1A-5，2 个。

（11）电工常用工具，1 套。

（12）线卡、木螺钉、小铁钉，各若干。

2．实训内容及要求

1）实训内容

按图 5-17 所示的护套线配线示意图进行护套线路配线。

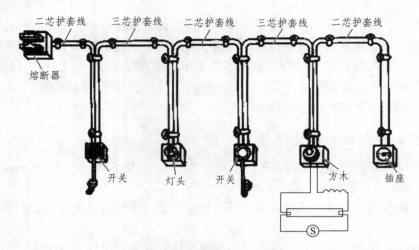

图 5-17　护套线配线示意图

2）实训步骤
（1）准备工具和器材。
（2）在线路板上标出线路走向，同时标出每个支持点、木台以及瓷接头的安装位置。
（3）固定线卡。
（4）敷设护套线，注意护套线应勒直、收紧，把整个线路用线卡卡住。
（5）剥去伸入木台内线头的护套层以及接瓷接头的线头护套层。
（6）安装瓷接头和各种木台。
（7）安装熔断器、开关、灯座、插座。
（8）装上灯泡。
（9）检查线路并通电试验。

## 四、考核标准及评分

| 序号 | 主要内容 | 评分标准 | 配分 | 扣分 | 得分 |
|---|---|---|---|---|---|
| 1 | 工作准备 | 工具准备少一项，扣 2 分；<br>工具摆放不整齐，扣 5 分 | 10 | | |
| 2 | 元器件安装 | 不按正确规程安装，扣 10 分；<br>元器件松动、不整齐，每处扣 3 分；<br>损坏元器件，每处扣 10 分；<br>不用仪表检查元器件，扣 2 分 | 25 | | |
| 3 | 安装工艺、规范 | 导线扭绞、曲折，每处扣 5 分；<br>线与线间有明显空隙，线路连接不合工艺要求，每处扣 3 分；<br>定位不合要求，每处扣 3 分 | 25 | | |

续表

| 序号 | 主要内容 | 评分标准 | 配分 | 扣分 | 得分 |
|------|----------|----------|------|------|------|
| 4 | 功能 | 一次通电不成功，扣 15 分；二次通电不成功，扣 30 分 | 30 | | |
| 5 | 安全文明生产 | 行为文明，有良好的职业；<br>安全用电，操作符合规范；<br>实训完后清理、清扫工作现场 | 10 | | |
| 备注 | 时间：3 h | | 合计 | | |
| | | | 指导教师 | | |

# 五、作　业

（1）室内配线有什么技术要求？

（2）护套线路的敷设有什么要求？

# 项目三　钢管的配线

## 【学习目标】

（1）掌握室内钢管明暗线管线路配线的要求及配线方法。
（2）能采用钢管线管进行室内用电线路安装配线。

## 一、钢管配线

### （一）钢管的选用

配线用的钢管有厚壁和薄壁两种，后者又叫电线管。对于干燥环境，也可用薄壁钢管明敷和暗敷；对潮湿、易燃、易爆场所和地下埋设，则必须用厚壁钢管。

钢管不能有折扁、裂纹、砂眼，管内应无毛刺、铁屑，管内、外不应有严重的锈蚀。为了便于穿线，应保证导线截面积（含绝缘层）不超过线管内径截面积的40%。线管的选通常由设计决定，也可参阅表5-4选用。

表5-4　单芯绝缘导线穿管管径选用表

| 导线截面/mm² | 线管类型 | | | | | | | |
|---|---|---|---|---|---|---|---|---|
| | 水、煤气钢管 | | | | 电线管 | | | |
| | 穿管根数 | | | | 穿管根数 | | | |
| | 2 | 3 | 4 | 5 | 3 | 3 | 4 | 5 |
| | 管内径/mm | | | | 管内径/mm | | | |
| 1.5 | 15 | 15 | 15 | 20 | 20 | 20 | 20 | 25 |
| 2.5 | 15 | 15 | 20 | 20 | 20 | 20 | 25 | 25 |
| 4 | 15 | 20 | 20 | 20 | 20 | 20 | 25 | 25 |
| 6 | 20 | 20 | 20 | 20 | 20 | 20 | 25 | 32 |
| 10 | 20 | 25 | 25 | 32 | 25 | 32 | 32 | 48 |
| 16 | 25 | 25 | 32 | 32 | 32 | 32 | 40 | 40 |
| 25 | 32 | 32 | 40 | 40 | 32 | 40 | | |
| 35 | 32 | 40 | 50 | 50 | 40 | 40 | | |
| 50 | 40 | 50 | 50 | 70 | | | | |
| 70 | 50 | 50 | 70 | 70 | | | | |
| 95 | 50 | 50 | 70 | 70 | | | | |
| 120 | 70 | 70 | 80 | 80 | | | | |

## （二）钢管配线

### 1．除锈和涂漆

敷设前，应将已选用的钢管内外的灰渣、油污与锈块等清除。为了防止除锈后重新氧化，应迅速涂漆。常用的除锈去污方法有如下两种：

（1）手工除锈。在钢丝刷两端各绑一根长度适当的铁丝，将铁丝和钢丝刷穿过钢管，来回拉动，如图 5-18 所示，即可除去钢管内壁锈块。钢管外壁除锈很容易，可直接用钢丝刷或电动除锈机除锈。除锈后应立即涂防锈漆，但在混凝土中埋设的管子外壁不能涂漆，否则会影响钢管与混凝土之间的结构强度。如果钢管内壁有油垢或其他脏物，也可在一根长度足够的铁丝中扎上适量的布条，在管子中来回拉动，即可擦掉，待管壁清洁后，再涂上防锈漆。

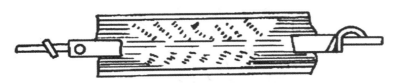

图 5-18　用钢丝刷除钢管内铁锈

（2）压缩空气吹除法。在管子的一端注入高压压缩空气，吹净管内脏物。

### 2．套　　丝

为了使钢管与钢管或钢管与接线盒之间连接起来，就需在连接处套丝，钢管套丝时，可用管子套丝绞板，如图 5-19 所示。常用的纹板规格有 $\frac{1}{2} \sim 2$ 英寸和 $2\frac{1}{2} \sim 4$ 英寸两种。套丝时，应先把线管夹在管钳或台虎钳上，然后用套丝绞板绞出螺纹。操作时用力要均匀，并加润滑油，以保证丝扣光滑。螺纹长度等于管箍长度的 1/2 加 1～2 牙的长度。第一次套丝完后，松开板牙，再调整其距离，比第一次小一点尺寸再套一次。当第二次丝扣快要套完时，稍微松开板牙，边绞边松，使其成为锥形的扣。套丝完后，应用管箍试旋。选用板牙时必须注意管径是以内径还是以外径标称的，否则无法应用。

（a）钢管绞板　　　　　　　　（b）板架　　　　　　　　（c）板牙

图 5-19　管子套丝绞板

### 3．钢管的锯削

敷设电线的钢管一般都用钢锯锯削。下锯时，锯要扶正，向前推动时适度加压力，但不得用力过猛以防折断锯条。钢锯回拉时，应稍微抬起，减小锯条磨损。管子快要锯断时，要放慢速度，使断口平整。锯断后用半圆锉锉掉管口内侧的棱角，以免穿线时割伤导线。

#### 4．弯　管

1）弯管器种类

（1）管弯管器。管弯管器体积小，是弯管器中最简单的一件工具，其外形和使用方法如图 5-20 所示。管弯管器适用于直径 50 mm 以下的管子，更适用于现场电气施工弯管或没有电源供电场所的弯管。

图 5-20　弯管器弯管

（2）电动液压顶弯机。电动液压顶弯机由单相电动机、液压缸和弯管模具组成。适用于直径 15～100 mm 钢管的弯制，弯管时只要选择合适的弯管模具装入机器中，穿入钢管，即可弯制。

2）弯管方法

为了便于线管穿线，管子的弯曲角度一般不应小于 90°。明管敷设时，管的曲率半径 $R \geqslant 4d$；暗管敷设时，管的曲率半径 $R \geqslant 6d$，$\theta \geqslant 90°$，如图 5-21 所示。

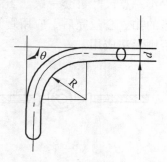

$d$—管子外径；$R$—曲率半径。

图 5-21　钢管的弯度

直径在 50 mm 以下的线管，可用弯管器进行弯曲，在弯曲时，要逐步移动弯管器棒，且一次弯曲的弧度不可过大，否则会弯裂或弯瘪线管。

凡管壁较薄而直径较大的线管，弯曲时，管内要灌砂，否则会将钢管弯瘪。如采用加热弯曲，要用干燥无水分的砂灌满，并在管两端塞上木塞，如图 5-22 所示。

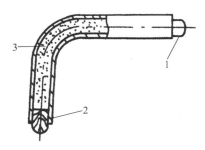

1、2—木塞；3—黄砂。

图 5-22　钢管灌砂弯曲

有缝管弯曲时，应将焊缝处放在弯曲的侧边，作为中间层，这样可使焊缝在弯曲时既不延长又不缩短，焊缝处就不容易裂开，如图 5-23 所示。

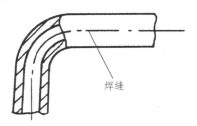

焊缝

图 5-23　有缝管的弯曲

5．钢管的连接

（1）钢管与钢管连接如图 5-24 所示，其间采用管箍连接。为了保证管接口的严密性，管子螺纹部分应顺螺纹方向缠上麻丝，并在麻丝上涂一层白漆，然后拧紧，并使两端面吻合。

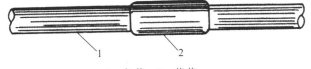

1—钢管；2—管箍。

图 5-24　管箍连接钢管

（2）钢管与接线盒的连接如图 5-25 所示。钢管的端部与各种接线盒连接时，应在接线

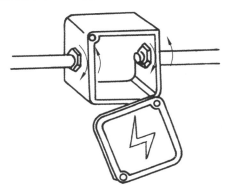

图 5-25　钢管与接线盒的连接

盒内外各用一个薄形螺母或锁紧螺母来夹紧线管。安装时，先在线管管口拧入一个螺母，管口穿入接线盒后，在盒内再拧入一个螺母；然后用两把扳手把两个螺母反向拧紧，如果需密封，则在两螺母之间各垫入封口垫圈。

**6．钢管的接地**

钢管配线必须可靠接地。为此，在钢管与钢管、钢管与接线盒及配电箱连接处，用 $\phi6 \sim \phi10$ mm 圆钢制成跨接线连接，如图 5-26 所示。

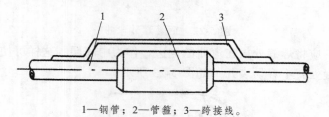

1—钢管；2—管箍；3—跨接线。

图 5-26　钢管连接处的跨接线

**7．钢管的敷设**

1）明管敷设的顺序和工艺

（1）明管敷设的一般顺序。按施工图确定电气设备安装位置，划出管道走向中心交叉位置，并埋设支撑钢管的紧固件。按线路敷设要求对钢管进行下料、清洁、弯曲、套丝等加工。在紧固件上固定并连接钢管，将钢管、接线盒、灯具或其他设备连成一个整体，并使管中系统妥善接地。

（2）明管敷设的基本工艺。明管敷设要求整齐美观、安全可靠。沿建筑物敷设要横平竖直，固定点直线距离应均匀，其固定点的最大允许距离应符合表 5-5 所示的规定。

表 5-5　钢管敷设时固定点之间的距离

| 管壁厚度/mm | 钢管内径/mm | | | |
|---|---|---|---|---|
| | 13 ~ 19 | 25 ~ 32 | 38 ~ 54 | 64 ~ 76 |
| | 管卡最大距/mm | | | |
| > 2.5 | 1.5 | 2.0 | 2.5 | 3.5 |
| ≤ 2.5 | 1.0 | 1.5 | 2.0 | 2.5 |

管卡距始端、终端、转角中点以及与接线盒边缘的距离和跨越电气器具的距离为 150 ~ 500 mm，如图 5-27 所示。

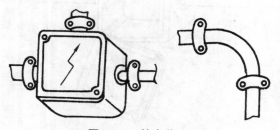

图 5-27　管卡位置

2）明管敷设的形式

随着建筑物结构和形状的不同，钢管常用以下形式敷设：

（1）明管进接线盒或沿墙转弯时，应在转弯处弯曲成"鸭脖子"，如图 5-28 所示。

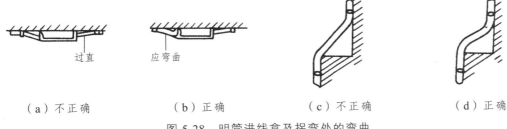

（a）不正确　　　　　（b）正确　　　　　（c）不正确　　　　　（d）正确

图 5-28　明管进线盒及拐弯处的弯曲

（2）明管沿墙建筑面凸面棱角拐弯时，可在拐弯处加装拐角盒，以便穿线接线，在建筑面拐角的做法如图 5-29 所示。

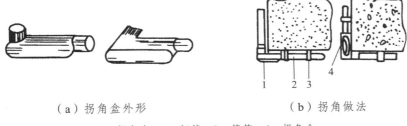

（a）拐角盒外形　　　　　　（b）拐角做法

1—拐角盒；2—钢管；3—管箍；4—拐角盒。

图 5-29　明管拐角做法

（3）明管沿墙壁敷设时，可用管卡直接将线管固定在墙壁上，或用管卡固定在预埋的角钢支架上，如图 5-30 所示。

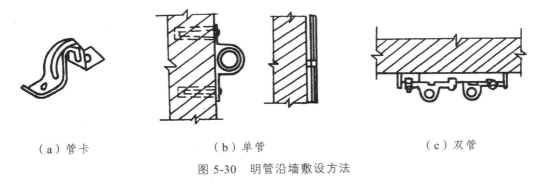

（a）管卡　　　　　　（b）单管　　　　　　（c）双管

图 5-30　明管沿墙敷设方法

（4）明管沿屋面梁敷设方法如图 5-31 所示。

（5）明管沿屋架梁敷设方法如图 5-32 所示。

（6）明管沿钢屋架敷设方法如图 5-33 所示。

（7）多根钢管或管径较大的钢管可吊装敷设，如图 5-34 所示。

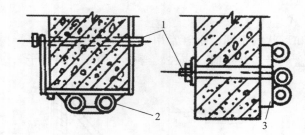

1—螺栓；2—扁铁箍；3—角钢支架。

图 5-31　明管沿屋面梁敷设

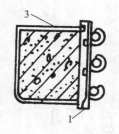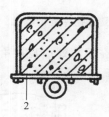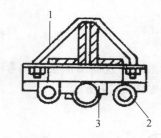

1、2—角钢支架；3—抱箍。

图 5-32　明管沿屋架梁敷设

1—角钢支架抱箍；2—管箍；3—角钢支架。

图 5-33　明管沿钢屋架敷设

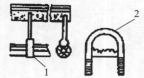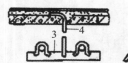

1—吊管卡；2—螺栓管卡；3—角钢支架；4—圆钢卡板；5—卡板。

图 5-34　多根钢管或粗钢管的吊装敷设

（8）在明管敷设中，根据建筑物的形状（如条件许可时），还可用管卡槽和板管卡辐射钢管，如图 5-35 所示。

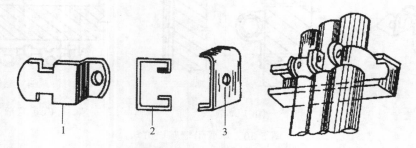

1—板管卡；2—管卡槽；3—夹板。

图 5-35　管卡槽与板管卡

3）暗管敷设的一般顺序

（1）按施工图确定接线盒、灯头盒及线管在墙体、楼板或天花板中的位置，测出线路和管道敷设长度。

（2）对管道加工并确定好接线盒、灯头盒位置，然后在管口堵上木塞或废纸，在盒内填废纸或木屑，以防水泥砂浆或杂物进入。

（3）将钢管或连接好的接线盒等固定在混凝土模板上。

（4）在管与管、管与盒、管与箱的接头两端焊上跨接线，使该管路系统的金属壳体连成一个可靠的接地整体。

4）暗管敷设的工艺

（1）在现浇混凝土楼板内敷设钢管，应在浇灌混凝土前进行。用石（砖）块在楼板上将钢管垫高 15 mm 以上，使钢管与混凝土模板保持一定距离，然后用铁丝将其固定在钢筋上，或用钉子将其固定在模板上，如图 5-36 所示。

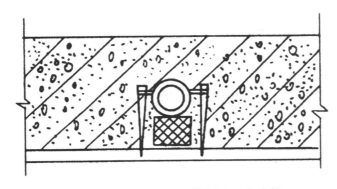

图 5-36　在现浇混凝土楼板内固定暗管

（2）在砖墙内敷设钢管应在土建砌砖时预埋，边砌砖边预埋，并用砖屑、水泥砂浆将管子塞紧。砌砖时若不预埋钢管，应在墙体上预留管槽或凿打管槽，并在钢管的固定点预埋木榫，在木榫上钉入钉子，敷设时将钢管用铁丝绑在钉子上，再将钉子进一步打入木榫，使管子与槽壁紧贴，最后用水泥砂浆覆盖槽口，恢复建筑物表面的平整。

（3）在地下敷设钢管，应在浇灌混凝土前将钢管固定。其方法是先将木桩或圆钢打入地下泥土中，用铁丝将钢管绑在这些支撑物上，下面用石块或砖块垫高，距离土面高 15～20 mm，再浇灌混凝土，使钢管位于混凝土内部，以避免潮气的腐蚀。

（4）在楼板内敷设钢管，由于楼板厚度的限制，对钢管外径的选择有一定要求：楼板厚80 mm，钢管外径应小于 40 mm；楼板厚 120 mm，钢管外径不得超过 50 mm。应注意浇混凝土前，在灯头盒或接线盒的设计位置预埋木砖，待混凝土固化后，再取出木砖，装入接线盒或灯头盒，如图 5-37 所示。

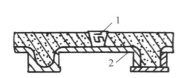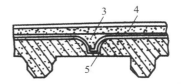

1—木砖；2—模板；3—水泥砂浆；4—焦渣垫层；5—接线盒。

图 5-37　在楼板内暗敷钢管

## 二、技能训练

### 1．训练内容

将电线管双弯 90° 及套丝，并穿导线，如图 5-38 所示。

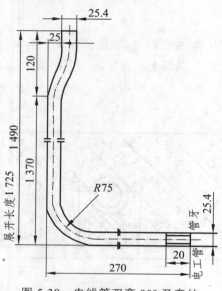

图 5-38　电线管双弯 90° 及套丝

### 2．工具、仪表、器材

电工工具、钢锯、1/2～2 英寸管子套丝绞板、$\phi$25 mm 电线管 2 m、$\phi$1.2 mm 钢丝引线 2.5 m、BVR2.5 mm² 铜芯导线 2.5 m（4 根）等。

### 3．训练步骤

（1）弯管。按图 5-38 所示尺寸，用弯管器弯 90° 角。

（2）锯管。按图 5-38 所示尺寸，将电线管锯削。

（3）套丝用 1/2～2 英寸套丝绞板将电线管两端套丝。

（4）穿钢丝引线。

（5）穿导线。

### 4．注意事项

（1）锯管和套丝应按操作要求进行，使用钢锯不得用力过猛，以防折断锯条。

（2）锯削完后检查管口是否倒角、有毛刺。

（3）穿线时，拉线的一端应用钢丝钳带动露出的引线；送线一端应防止拉线过猛伤手，拉送配合应默契。

## 三、考核标准及评分

| 序号 | 主要内容 | 评分标准 | 配分 | 扣分 | 得分 |
|---|---|---|---|---|---|
| 1 | 工作准备 | 工具准备少一项，扣 2 分；<br>工具摆放不整齐，扣 5 分 | 10 | | |
| 2 | 弯　管 | 弯管工具使用不正确，扣 5 分；<br>管子弯裂，扣 10 分；<br>管子弯瘪，尚能使用，扣 15 分；<br>不能使用，扣 30 分；<br>管子两端管口不平，翘度：<br>大于 5 mm，扣 5 分、大于 10 m，扣 10 分；<br>弧度不圆整，扣 10 分；<br>弯曲角度每超过 5°，扣 5 分 | 40 | | |
| 3 | 锯　削 | 管口不直，扣 5 分；<br>尺寸不符，扣 5 分 | 10 | | |
| 4 | 套　丝 | 管牙绞烂，扣 20 分；<br>管牙太紧，扣 10 分；<br>管口有毛刺，扣 5 分 | 20 | | |
| 5 | 穿导线 | 穿线方法不正确，扣 10 分；<br>导线绝缘损伤，扣 10 分 | 10 | | |
| 6 | 安全、文明生产 | 不清理工地者，扣 10 分；<br>锯条折断，扣 5 分 | 10 | | |
| 备注 | 时间：3 h | | 合计 | | |
| | | | 指导教师 | | |

## 四、作　业

（1）室内钢管明线管线路配线的要求及配线方法是什么？

（2）室内钢管暗线管线路配线的要求及配线方法是什么？

# 项目四　硬塑料管的配线

## 【学习目标】

（1）掌握室内硬塑料管明暗线管线路配线的要求及配线方法。
（2）能采用硬塑料管进行室内用电线路安装配线。

## 一、硬塑料管配线

### （一）硬塑料管的选用

敷设电线的硬塑料管应选用热塑料管，优点是在常温下坚硬，有较大的机械强度，受热软化后，又便于加工。对管壁厚度的要求是：明敷时不得小于 2 mm；暗敷设时不得小于 3 mm。

### （二）硬塑料管的连接

1．加热连接法

1）直接加热连接法

对直径为 50 mm 及以下的塑料管可用直接加热连接法。连接前先将管口倒角，即将连接处的外管倒内角，内管倒外角，如图 5-39 所示。然后将内、外管各自插接部位的接触面用汽油、苯或二氯乙烯等溶剂洗净，待溶剂挥发完后用喷灯、电炉或其他热源对插接段加热，加热长度为管径的 1.1 ~ 1.5 倍。也可将插接段浸在 130 ℃ 的热甘油或石蜡中加热至软化状态，将内管涂上黏合剂，趁热插入外管并调到两管轴心一致时，迅速用湿布包缠，使其尽快冷却硬化，如图 5-40 所示。

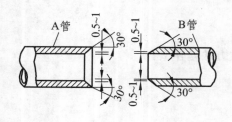

图 5-39　塑料管口倒角

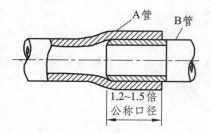

图 5-40　塑料管的直接插入

2）模具胀管法

对直径为 65 mm 及其以上的硬塑料管的连接，可用模具胀管法。先仍按照直接加热连接法对接头部分进行倒角，清除油垢并加热，等塑料管软化后，将已加热的金属模具趁热插入外管接头部，如图 5-41（a）所示。然后用冷水冷却到 50 ℃左右，脱出模具，在接触面涂上黏合剂，再次加热，待塑料管软化后进行插接，到位后用水冷却，使外管收缩，箍紧内管，完成连接。

硬塑料管在完成上述插接工序后，如果条件具备，用相应的塑料焊条在接口处圆周上焊接一圈，使接头成为一个整体，则机械强度和防潮性能更好。焊接完工的塑料管头如图 5-41（b）所示。

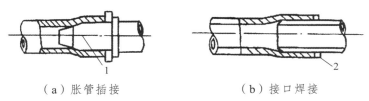

（a）胀管插接　　　　　　　　（b）接口焊接

1—成型模；2—焊缝。

图 5-41　硬塑料管模具插接

### 2．套管连接法

两根硬塑料管的连接，可在接头部分加套管完成。套管的长度为管身内径的 2.5～3 倍，其中管径在 50 mm 以下者取较大值，在 50 mm 以上者取较小值，管内径以待插接的硬塑料管在套管加热状态刚能插进为合适。插接前，仍需先将管口在套管中部对齐，并处于同一轴线上，如图 5-42 所示。

### 3．弯　管

塑料管的弯曲通常用加热弯曲法。加热时要掌握好火候，首先要使管子软化，又不得烤伤、烤变色或使管壁出现凸凹状。弯曲半径可做如下选择：明敷不能小于管径的 6 倍，暗敷不得小于管径的 10 倍。对塑料管的加热弯曲有直接加热和灌砂加热两种方法。

#### 1）直接加热弯曲

直接加热法适用于管径在 20 mm 及其以下的塑料管。将待加热的部分在热源上匀速转动，使其受热均匀，待管子软化时，趁热在木模上弯曲成型，如图 5-43 所示。

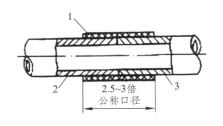

1—套管；2、3—接管。

图 5-42　套管连接法

1—弯管；2—木模。

图 5-43　塑料管弯曲成型

#### 2）灌砂加热法

灌砂加热法适用于管径在 25 m 及以上的硬塑料管。对于这类内径较大的管子，如果直接加热，很容易使其弯曲部分变瘪。为此，应先在管内灌入干燥砂粒并捣紧，封住两端管口，再加热软化，在模具上弯曲成型。

**4．硬塑料管的敷设**

与钢管在建筑物上（内）的敷设基本相同，但要注意下面几个问题：

（1）硬塑料管明敷时，固定管子的管卡距始端、终端、转角中点、接线盒或电气设备边缘 150～500 mm；中间直线部分间距均匀，其最大允许间距如表 5-6 所示。

表 5-6　硬塑料管明敷时管卡间的最大距离

| 敷设方法 | 管内径/mm | | |
|---|---|---|---|
| | ≤20 | 21～50<br>25～40 | ＞50 |
| | 最大距离/m | | |
| 吊架、支架沿墙敷设 | 1.0 | 1.5 | 2.0 |

（2）明敷的硬塑料管，在易受机械损伤的部位应加钢管保护，如埋地敷设和进设备时，其伸出地面 200 mm 段、伸入地下 50 mm 段，应用钢管保护。硬塑料管与热力管间距也不应小于 50 mm。

（3）硬塑料管热胀系数比钢管大 5～7 倍，敷设时应考虑加装热胀冷缩的补偿装置。在施工中，每敷设 30 m 应加装一只塑料补偿盒。将两塑料管的端头伸入补偿盒内，由补偿盒提供热胀冷缩补偿。塑料补偿盒如图 5-44 所示。

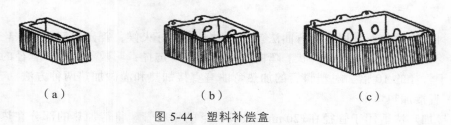

| （a） | （b） | （c） |

图 5-44　塑料补偿盒

（4）与塑料管配套的接线盒、灯头不能用金属制品，只能用塑料制品。而且塑料管与线盒、灯头盒之间的固定一般也不应用锁紧螺母和管螺母，多用胀扎管头绑扎，如图 5-45 所示。

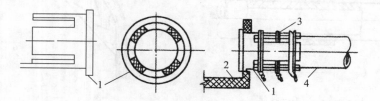

1—胀扎管头；2—塑料接线盒；3—用铁丝绑线；4—聚氯乙烯管。

图 5-45　塑料管与接线盒的固定

**5．穿　线**

管路敷设完毕，应将导线穿入线管中，穿线通常按以下三个步骤进行：

1）穿线准备

必须在穿线前再一次检查管口是否倒角、有毛刺，以免穿线时割伤导线。然后向管内穿入 $\phi 1.2 \sim \phi 1.6$ mm 的引线钢丝，用它将导线拉入管内。如果管径较大，转弯较小，可将引线铁丝从管口一端直接穿入，为了避免壁上凸凹部分挂住钢丝，要求将钢丝头部做成如图 5-46（a）所示的弯钩。如果管道较长，转弯较多或管径较小，一根钢丝无法直接穿过时，可用两根钢丝分别从两端管口穿入，但应将引线钢丝端头弯成钩状，如图 5-46（b）所示，使两根钢丝穿入管子并能互相钩住，如图 5-46（c）所示。然后将要留在管内的钢丝一端拉出管口，使管内保留一根完整钢丝；两头伸出管外，并绕成一个大圈，使其不得缩入管内，以备穿线之用。

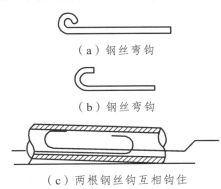

（a）钢丝弯钩

（b）钢丝弯钩

（c）两根钢丝钩互相钩住

图 5-46　线管穿引线钢丝

2）扎线接头

管子内需要穿入多少根导线，应按管子的长度（加上线头及容量）放出多少根，然后将这些线头剥去绝缘层，扭绞后按图 5-47 所示方法，将其紧扎在引线头部。

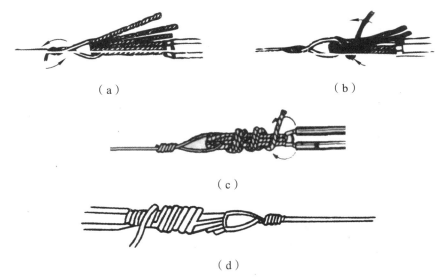

（a）　　　　　　　　　　　　　（b）

（c）

（d）

图 5-47　引线钢丝与线头绑扎方法

3）穿　　线

穿线前，应在管口套上橡皮或塑料护圈，以避免穿线时在管口内侧割伤导线绝缘层。然后由两人在管子两端配合穿线入管，位于管子左端的人慢慢拉引线钢丝，管子右端的人慢慢将线束送入管内，如图 5-48 所示。如果管道较长，转弯较多或管径太小而造成穿线困难时，可在管内加入适量滑石粉以减小摩擦；但不得用油脂或石墨粉，以免损伤导线绝缘或将导电粉尘带入管道内。

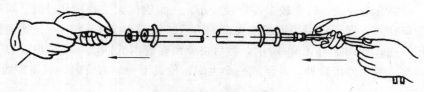

图 5-48　引线钢丝穿线

穿线时应尽可能将同一回路的导线穿入同一管内，不同回路或不同电压的导线不得穿入同一根线管内。所穿导线绝缘耐压不应低于 500 V，铜芯线最小截面不得小于 1 mm²，铝芯线不小 2.5 mm²，每根线管内穿线最多不超过 10 根。

## 二、技能训练

1．实训器材

（1）电线管 $\phi$25，4 m。

（2）绝缘导线 BV（1.5 mm²），10 m。

（3）钢丝引线 $\phi$1.2，2 根。

（4）灯头盒，2 个。

（5）灯头木台，2 个。

（6）开关盒，2 个。

（7）螺口平灯座，2 个。

（8）双联开关，1 个。

（9）双位开关（一个单联，一个双联），各 1 个。

（10）常用电工工具，1 套。

2．实训内容及要求

1）实训接线训练图

如图 5-49 所示，此电路为一个单联开关控制一盏灯和两个双联开关控制一盏灯。

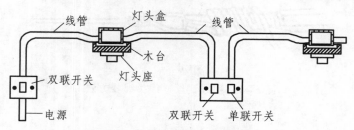

图 5-49　塑料线管线路配线训练图

2）实训步骤

（1）在选定的安装点标出线路走向及木台、线管支持点的安装位置。

（2）按需要长度截取线管，并在需要转弯处用手工弯管器弯曲线管。

（3）用管卡依次固定线管（应使管口伸入木台内边约 10 mm）。

（4）穿线：按实际需要的导线根数进行穿线。

（5）连接组合：将开关盒、灯头盒与电线管连接组合在一起。

3）注意事项

（1）线管转角处的曲率半径不应小于线管外径的 4 倍。

（2）安装完线路后一定要仔细检查，确认无误后才能通电实验，实验用的临时电源应由专人控制和监护。

## 三、考核标准及评分

| 序号 | 主要内容 | 评分标准 | 配分 | 扣分 | 得分 |
|------|----------|----------|------|------|------|
| 1 | 工作准备 | 工具准备少一项，扣 2 分；<br>工具摆放不整齐，扣 5 分 | 10 | | |
| 2 | 元器件安装 | 不按正确规程安装，扣 10 分；<br>元器件松动、不整齐，每处扣 3 分；<br>损坏元器件，每件扣 10 分；<br>不用仪表检查元器件，扣 2 分 | 20 | | |
| 3 | 安装工艺、操作规范 | 线管弯曲、倾斜，每处扣 5 分；<br>线路连接不合工艺要求，每处扣 3 分；<br>定位不合要求，每处扣 3 分 | 30 | | |
| 4 | 功　能 | 一次通电不成功，扣 15 分；二次通电不成功，扣 30 分 | 30 | | |
| 5 | 安全、文明生产 | 违反安全用电规范，每处扣 5 分；<br>未清理、清扫工作现场，扣 5 分 | 10 | | |
| 备注 | 时间：4 h | | 合计 | | |
| | | | 指导教师 | | |

## 四、思考与练习

（1）线管配线时，硬塑料管、钢管分别在什么情况下应用？

（2）线管配线有哪些注意事项？

# 项目五　塑料槽板配线

## 【学习目的】

（1）掌握塑料槽板配线的方法和步骤。

（2）掌握塑料槽板配线的安装技能。

## 一、相关知识

塑料槽板（PVC槽板，阻燃型）布线是把绝缘导线敷设在塑料槽板的线槽内，上面用盖板把导线盖住，这种布线方式适用于办公室、生活间等干燥房屋内的照明，也适用于工程改造更换线路及弱电线路吊顶内暗敷等场所。塑料槽板布线通常在墙体抹灰粉刷后进行。

线槽的种类很多，不同的场合应合理选用。如果用于一般室内照明等线路可选用矩形截面的线槽；如果用于地面布线应采用带弧形截面的线槽；用于电气控制时，一般采用带隔栅的线槽，如图5-50所示。

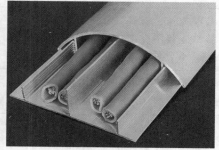

（a）矩形线槽　　　　（b）弧形线槽　　　　（c）隔栅线槽

图 5-50　各种塑料线槽

## （一）塑料线槽的选用

如806系列塑料线槽按其宽度有25 mm、40 mm、60 mm、80 mm四种尺寸，型号分别为VXC-25、WXC-40等。其中宽25 mm线槽的槽底有两种形式:一种为普通型，底为平面；另一种底有两道隔楞，即三槽线，如图5-51所示。VXC-25用于照明线路敷设，VXC-40和VXC-80型用于动力线路敷设。

在选用塑料线槽时，应根据敷设线路的情况选用线槽，可参照表5-7进行选用。

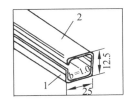
（a）VXC-25 线槽的规格

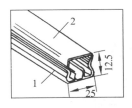
（b）VXC-25S 三线槽的规格

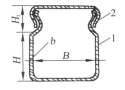
（c）线槽截面尺寸

1—线槽底；2—线槽盖。

图 5-51　806 系列塑料线槽规格

表 5-7　VXC 型线槽规格尺寸　　　　　　　　　　　　　　/mm

| 型号 | B | H | H1 | b |
|------|------|------|------|------|
| VXC-40 | 40 | 15 | 15 | 1.2 |
| VXC-60 | 60 | 15 | 15 | 1.5 |
| VXC-80 | 80 | 30 | 20 | 2.0 |

## （二）塑料槽板布线的配线方法和步骤

（1）根据导线直径及各段线槽中导线的数量确定线槽的规格，矩形线槽的规格是以矩形截面的长、宽来表示，弧形线槽一般以宽度表示。

（2）定位划线。为使线路安装得整齐、美观，塑料槽板应尽量在沿房屋的线脚、横梁、墙角等处敷设，并与用电设备的进线口对正，与建筑的线条平行或垂直。选好线路敷设路径后，根据每节塑料的长度，测定塑料槽板底槽固定点的位置（先测定每节塑料槽两端的固定点，然后以间距不超过 500 mm 均匀地测定中间固定点）。

（3）槽板固定。

塑料槽板安装前，应首先将平整的槽板挑选出来，剩下的弯曲槽板可没法利用在不明旺的地方。槽板固定的方法如下：

① 根据电源、开关盒、灯座的位置，量取各段线槽的长度，用锯分别截取。在线槽直角转弯处应采用 45° 拼接，如图 5-52 所示。

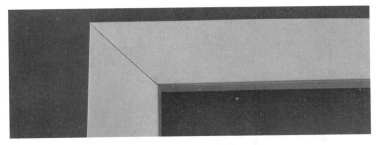
图 5-52　45° 拼接

② 用手电钻在线槽内钻孔（钻孔直径为 4.2 mm 左右），用作线槽的固定，如图 5-53 所示。相邻固定孔之间的距离应根据线槽的宽度确定，一般距线槽的两端为 5 ~ 10 mm，中间为 30 ~ 50 mm。线槽宽度超过 50 mm，固定孔应在同一位置的上下分别钻孔。中间两钉之间

距离一般不大于 500 mm。

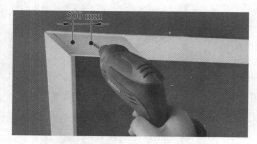

图 5-53 线槽内钻孔

③ 将钻好孔的线槽沿走线的路径用自攻螺钉或木螺钉固定。如果是固定在砖墙等墙面上，应在固定位置上画出记号，如图 5-54 所示。

图 5-54 做出标记

④ 用冲击钻或电锤在相应位置上钻孔。钻孔直径一般为 8 mm，其深度应略大于尼龙膨胀杆或木榫的长度。

⑤ 埋好木榫，用木螺钉固定槽底，也可用塑料胀管来固定槽底。

（4）导线敷设。敷设导线应以一分路一条塑料槽板为原则。塑料槽板内不允许有导线接头，以减少隐患，如必须接头时要加装接线盒。导线敷设到灯具、开关、插座等接头处，要留出 100 mm 左右线头，用作接线。在配电箱和集中控制的开关板等处，按实际需要留足长度，并在线端做好统一标记，以便接线时识别。

（5）固定盖板。在敷设导线的同时，边敷线边将盖板固定在底板上，如图 5-55 所示。

图 5-55 固定盖板

## （三）操作要点提示

（1）锯槽底和槽盖时，拐角方向要相同。

（2）固定槽底时，要钻孔，以免线槽开裂。

（3）使用钢锯时，要小心锯片折断伤人。

（4）塑料槽板在转角处连接时，应把两根槽板端部各锯成 45° 斜角。

## （四）各种线槽敷设方法

各种线槽敷设方法如图 5-56 所示。

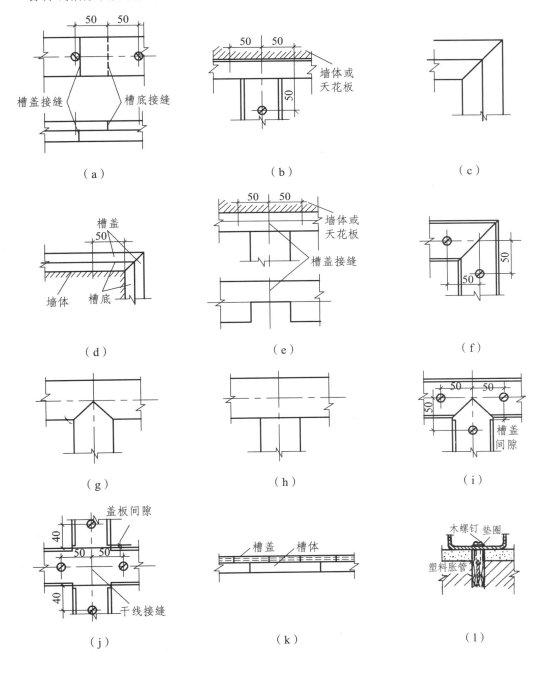

（a）　　　　　（b）　　　　　（c）

（d）　　　　　（e）　　　　　（f）

（g）　　　　　（h）　　　　　（i）

（j）　　　　　（k）　　　　　（1）

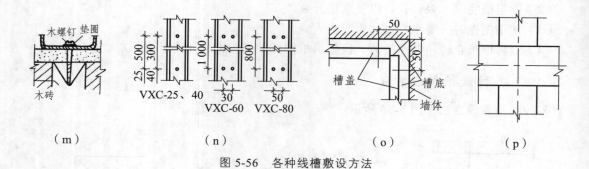

图 5-56　各种线槽敷设方法

## （五）塑料线槽敷设照明线路

塑料线槽照明示意如图 5-57 所示。

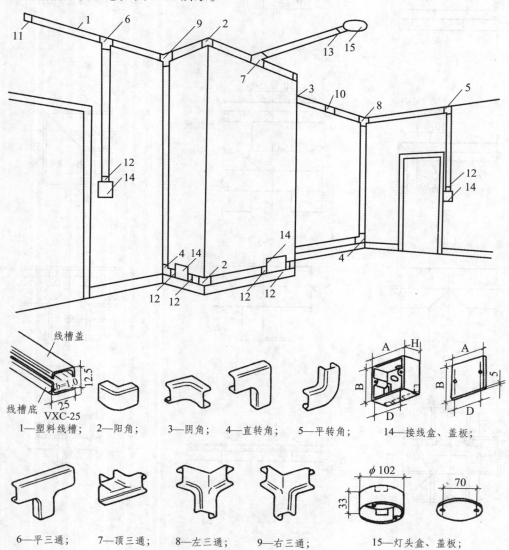

1—塑料线槽；　2—阳角；　3—阴角；　4—直转角；　5—平转角；　14—接线盒、盖板；

6—平三通；　7—顶三通；　8—左三通；　9—右三通；　15—灯头盒、盖板；

10—连接头；　　　　11—终端头；　　　　12—接线盒插口；　　　　13—灯头盒插口

图 5-57　塑料线槽照明示意图

## 二、技能训练

### 1. 考试内容

用塑料槽板装接两地控制一盏白炽灯并有一个插座的线路，然后试灯。

### 2. 工具、仪器仪表及材料

（1）绝缘电线（根据灯的功率自定），15 m。

（2）塑料槽板（自定），5 m。

（3）塑料槽板配套分接盒（自定），2 个。

（4）钢钉（塑料槽板固定用钉），30 个。

（5）拉线开关（两地控制用），2 只。

（6）白炽灯及灯座，1 套。

（7）单相三极插座，1 套。

（8）配线板，1 块。

### 3. 操作工艺

（1）根据实际安装位置条件，设计并绘制安装图。

（2）依照实际的安装位置，确定两地开关、插座及白炽灯的安装位置并做好标记。

（3）定位划线。按照已确定好的开关及插座等的位置，进行定位划线，操作时要依据横平竖直的原则进行。

（4）截取塑料槽板。根据实际划线的位置及尺寸，量取并切割塑料槽板，切记要做好每段槽板的相对位置标记，以免混乱。

## 三、考核标准及评分

| 序号 | 主要内容 | 评分标准 | 配分 | 扣分 | 得分 |
|---|---|---|---|---|---|
| 1 | 工作准备 | 工具准备少一项，扣 2 分；<br>工具摆放不整齐，扣 5 分 | 5 | | |
| 2 | 平拐角 | 拐角大于或小于 90°，每个扣 10 分；<br>拐角接头不齐，每个扣 10 分 | 30 | | |

续表

| 序号 | 主要内容 | 评分标准 | 配分 | 扣分 | 得分 |
|------|----------|----------|------|------|------|
| 3 | 分支接头 | 分支接头不齐,每个扣 10 分;<br>分支角度锯削不符合要求,每个扣 10 分 | 30 | | |
| 4 | 十字交叉接头 | 十字交叉接头不齐,每个扣 10 分 | 30 | | |
| 5 | 安全、文明生产 | 损坏线槽,每 100 m 扣 5 分;<br>不清理场地,扣 5 分 | 5 | | |
| 备注 | 时间:3 h | | 合计 | | |
| | | | 指导教师 | | |

## 四、作 业

(1)塑料槽板配线的方法和步骤是什么?

(2)塑料槽板配线的注意事项有哪些?

(3)塑料槽板配线如何选择各种塑料槽板?

# 模块六　照明装置安装与调试

【教学目标】

（1）熟悉并认识照明装置相关元器件。
（2）掌握照明装置的安装规范及技能。

# 项目一　低压开关安装

【学习目标】

（1）熟悉各种低压开关的结构。
（2）掌握各种低压开关的安装。

低压开关主要用于在成套设备中隔离电源，也可不频繁地接通和分断低压供电线路，另外，它还可用作小功率笼型异步电动机直接启动的控制。

## 一、负荷开关

负荷开关有开启式负荷开关及封闭式负荷开关两种类型。

### （一）开启式负荷开关

常用的 HK 系列开启式负荷开关的外形结构如图 6-1 所示。开启式负荷开关适用于交流频率 50 Hz、电压 380 V、电流 60 A 及以下的线路中，主要作为一般照明、电热等回路的控制开关用；三极开关适当降低容量后，可作为小型感应电动机的手动不频繁操作的直接启动及分断用。开启式负荷开关还具有短路保护作用。

1．技术数据

常用 HK 系列开启式负荷开关的技术数据如表 6-1 所示。

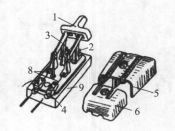 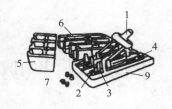

（a）二极闸刀开关　　　　　（b）三极闸刀开关

1—瓷质手柄；2—进线座；3—静夹座；4—出线座；5—上胶盖；6—下胶盖；
7—胶盖固定螺母；8—溶丝；9—瓷底座。

图 6-1　开启式负荷开关

表 6-1　常用 HK 系列开启式负荷开关的技术数据

| 型号 | 额定电流/A | 极数 | 额定电压/V | 可控制电动机容量/kW | 配用熔丝规格 | | | |
|---|---|---|---|---|---|---|---|---|
| | | | | | 线径/mm | 成　分 | | |
| | | | | | | 铅 | 锡 | 锑 |
| HK1 | 15 | 2 | 220 | 1.5 | 1.45～1.59 | 98% | 1% | 1% |
| | 30 | 2 | 220 | 3.0 | 2.30～2.52 | | | |
| | 60 | 2 | 220 | 4.5 | 3.36～4.00 | | | |
| | 15 | 3 | 380 | 2.2 | 1.45～1.59 | | | |
| | 30 | 3 | 380 | 4.0 | 2.30～2.52 | | | |
| | 60 | 3 | 380 | 5.5 | 3.26～4.00 | | | |
| HK2 | 10 | 2 | 220 | 1.1 | 0.25 | 含铜量不少于 99.9% | | |
| | 15 | 2 | 220 | 1.5 | 0.41 | | | |
| | 30 | 2 | 220 | 3.0 | 0.56 | | | |
| | 15 | 3 | 380 | 2.2 | 0.45 | | | |
| | 30 | 3 | 380 | 4.0 | 0.71 | | | |
| | 60 | 3 | 380 | 5.5 | 0.12 | | | |

2．选　择

1）额定电压的选择

用于照明电路时，可选用额定电压为 220 V 或 250 V 的两极开关；用于电动机的直接启动时，可选用额定电压为 380 V 或 500 V 的三极开关。

2）额定电流的选择

用于照明电路时，开启式负荷开关的额定电流应等于或大于断开电路中各个负载额定电流的总和；若负载是电动机，开关的额定电流值可取电动机额定电流值的三倍，也可按表 6-1 直接来选择。

3．安装及使用

（1）安装时不准横装和倒装，必须垂直地安装在控制箱或开关板上，并使电源进线孔在上方。

（2）接线时电源进线和出线不能接反，否则更换熔丝时易发生触电事故。

（3）分断负载时，应尽快拉闸，以减小电弧的影响。

（4）使用时，如动触刀和静触座接触歪斜，会使接触电阻增大，动触刀和静触刀座因过热而损坏，应及时修复。

（5）修复后的开关，合闸时应保证三相触刀同时合闸，如有一相没合闸或接触不良，会使电动机造成断相运行而烧毁。

（6）更换熔丝必须在开关断开的情况下进行，而且应换上与原熔丝规格相同的新熔丝。

## （二）封闭式负荷开关

封闭式负荷开关又称铁壳开关，它是在开启式负荷开关的基础上改进设计的，其灭弧性能、操作性能、安全性能等均优于开启式负荷开关。封闭式负荷开关具有通断性能较好、操作方便和使用安全等优点，主要用于乡镇、工矿企业及农村电力排灌和照明等各种配电装置中，也可以作为不频繁启动和分断 15 kW 以下电动机及线路末端的短路保护之用。

1．封闭式负荷开关的结构

封闭式负荷开关由闸刀、夹座、熔断器、速断弹簧、转轴和手柄等组成，并装于封闭的铁壳（钢板或铸铁材料制成）内，且触头装有灭弧系统，使电弧不易喷出，也不易造成相间短路事故，如图 6-2 所示闸刀上装有速断弹簧，分闸时能使闸刀快速断开，以利于熄灭电弧。另外，还装有机械联锁装置，使得在开关合闸后打不开铁壳，而铁壳在打开后合不上开关，使用起来比较安全。开关内的熔断器多为瓷插式，起短路保护作用，也有的采用封闭式熔断器。

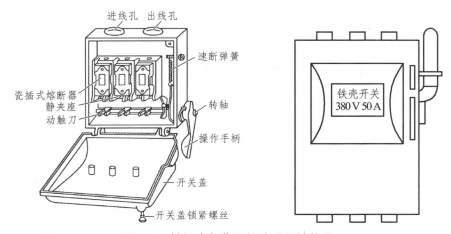

图 6-2　封闭式负荷开关外观及结构图

2．封闭式负荷开关的工作原理

壳内的速断弹簧用钩子钩在手柄转轴和底座间，闸刀为 U 形双刀片，可以分流；当手柄轴转到一定位置时，速断弹簧的拉力增大，使 U 形双刀片快速地从静插座拉开，电弧被迅速拉长而熄灭利用触刀和静插座的的闭合和断开实现电路的通断。为了保证安全用电，铁壳上装有机械联锁装置，当开关通电工作时，壳盖打不开；而壳盖打开时，开关无法接通，因而确保了安全运行。

3. 封闭式负荷开关的选择

封闭式负荷开关型号较多，规格不一，分别适用于不同的场合。选择封闭式负荷开关时，对于照明等电阻性负载，其额定电流可根据负载的额定电流选择。对于电动机类负载，其额定电流可按电动机的 1.5 倍额定电流选择。

（1）HH3 系列封闭式负荷开关。该系列适用于交流 50 Hz、额定电压 380 V 及以下、额定电流为 100 A 及 200 A 的电气装置和配电设备中，作为不频繁地分、合负载电路以及短路保护用。

（2）HH4 系列封闭式负荷开关。该系列为全国统一设计产品，额定电流等级有 15A、30A、60 A 和 100 A，其中 30 A 和 60 A 两种规格的触头采用 U 型结构、双断点、面接触式，具有较高的电动稳定性；额定电流为 100 A 规格的带有封闭式熔断器，其余熔断器为瓷插式。全部产品操作手柄位于侧面，且中性接线柱有连接板，可断开电路，便于安装检查。适用于交流 50 Hz、额定电压 500 V 及以下、额定电流 100 A 及以下的电热及照明电路中，作手动不频繁地分、合负荷电路及短路保护用，也可以作为小容量的三相异步电动机的不频繁启动和停止用。

（3）HH10 系列封闭式负荷开关。该系列额定电流只有 30 A 一种规格，其熔断器底座可安装瓷插式或管式熔断器盖，中性接线柱有连接板可断开电路便于检查，操作手柄为正面安装。适用于交流 50 Hz、额定电压 500 V 及直流 440 V、额定电流为 30 A 的电路中作为手动不频繁地分、合负荷电路及线路的短路保护，也可以作为小容量三相异步电动机的不频繁启动和停止用，带有中性接线柱的还可以作为照明电路的控制开关使用。

（4）HH11 系列封闭式负荷开关。该系列额定电流等级有 100 A、200 A、300 A 和 400 A，采用抽拉式操作手柄，当开关操作后，可以推入开关外壳内，开关导电部分均有护罩，壳盖有联锁机构。适用于直流 500 V 及交流 50 Hz、额定电压 500 V、额定电流 400 A 及以下的电热及照明电路中，作为手动不频繁地分、合负载电路及短路保护用。

4. 负荷开关的技术参数

表 6-2　负荷开关的技术参数技术参数表

| 型号 | 额定电流 | 刀开关极限通断能力（在 110% 额定电压时） | | | | | | 控制电机最大功率/kW | 熔体额定电流/A | 熔体（紫铜丝）直径/mm |
|---|---|---|---|---|---|---|---|---|---|---|
| | | 通断电流/A | 功率因素 | 通断次数/次 | 分断电流/A | 功率因素 | 分段次数/次 | | | |
| HH4-15/3Z | 15 | 60 | 0.5 | 10 | 750 | 0.8 | 2 | 3 | 6 | 0.26 |
| | | | | | | | | | 10 | 0.35 |
| | | | | | | | | | 15 | 0.16 |

| 型号 | 额定电流 | 刀开关极限通断能力（在110%额定电压时） | | | | | | 控制电机最大功率/kW | 熔体额定电流/A | 熔体（紫铜丝）直径/mm |
|------|--------|--------|--------|--------|--------|--------|--------|--------|--------|--------|
| | | 通断电流/A | 功率因素 | 通断次数/次 | 分断电流/A | 功率因素 | 分段次数/次 | | | |
| HH4-30/3Z | 30 | 120 | 0.5 | 10 | 1500 | 0.7 | 2 | 7.5 | 20 | 0.65 |
| | | | | | | | | | 25 | 0.71 |
| | | | | | | | | | 30 | 0.81 |
| HH4-60/3Z | 60 | 240 | 0.4 | | 3000 | 0.6 | | 13 | 40 | 0.92 |
| | | | | | | | | | 50 | 1.07 |
| | | | | | | | | | 60 | 1.2 |

## 二、开 关

开关是接通或断开照明灯具的器件，按安装形式划分，开关可分为明装式和暗装式两类：明装式有拉线开关和扳把开关（又称平头开关）；暗装式有跷板式开关和触碰式开关。按结构划分开关可分为单极开关、三极开关、单控开关、双控开关以及旋转开关。

**开关的安装**

1．明装拉线开关的安装

其安装步骤如图6-3所示。

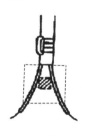
（a）安装木榫

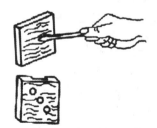
（b）方木钻孔瓷

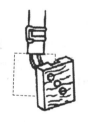
（c）穿线进方木

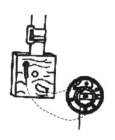
（d）固定拉线开关

（e）开关接线

（f）装好开关盖

图6-3 明装拉线开关的安装

（1）安装木榫。如图6-3（a）所示，在固定拉线开关的中间位置，用冲击电钻打一个孔，安装木榫，供固定方木（圆木或塑料台）用。

（2）将方木钻三个孔，其中中间的孔是固定螺钉用孔，其余两孔作电线穿入孔，如图6-3（b）所示。

（3）将电线穿入方木孔，把方木用木螺钉固定在木榫上，如图6-3（c）所示。

（4）固定拉线开关。把方木上的两根电线穿过拉线开关的引线孔后，摆正拉线开关在方木上的位置，用木螺钉固定好，如图6-3（d）所示。

（5）开关接线。剥去线头的绝缘层，将两线头分别拧装在开关的两个接线桩上，如图6-3（e）所示。

（6）接好电线，拉动线绳，合格的开关应能听到清脆的响声，且动作灵活，安装完毕，装上开关盖子，如图6-3（f）所示。

平开关的安装方法与拉线开关相似，只是安装高度不同。

**2．暗装式开关的安装**

**1）暗装扳把式开关的安装**

必须安装在铁皮（塑料）盒内，铁皮（塑料）盒有定型产品，可与安装扳把式开关同时购买，如图6-4所示。

 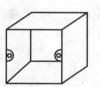

（a）单联开关铁皮（塑料）盒　　（b）双联开关铁皮（塑料）盒

图6-4　铁皮（塑料）盒

开关接线时，将电源相线接到一个静触头接线桩上，另一个动触头接触桩接来自灯具的导线，在接线时应接成扳把向上时开灯，向下时关灯，然后把开关芯连同支持架固定到预埋在墙内的铁皮盒上，应该把扳把上的白点朝下面安装，开关的扳把必须放正且不卡在盖板上，再盖好开关盖板，用螺栓将盖板牢固，盖板应紧贴墙面。

双联及多联暗装扳把式开关，每一联即是一只单独的开关，能分别控制一盏灯，电源相线并好头分别接到与动触头相连的接线柱上，将通往灯具的开关线接在开关的静触头接线柱上。

电线管内穿线时，开关盒内应留有足够长度的导线。

由两个开关在不同地点控制一盏灯时，应使用双控（又称为双联）开关。此开关应具有三个接线桩，其中两个分别与两个静触头接通，另一个与动触头接通（称为公用桩）。双控开关用于照明线路时，一个开关的公用桩（动触头）与电源的相线连接，另一个开关的公用桩与灯座的一个接线桩连接；若采用螺口灯座时，火线应与灯座的中心铜片触头相连，灯座的另一个接线桩应与电源的零线相连接。两个开关的静触头接线桩，用两根导线分别进行连接。

2）暗装跷板式开关的安装。

暗装跷板式开关应与配套的开关盒进行安装。常用的跷板式塑料开关盒如图 6-5 所示。

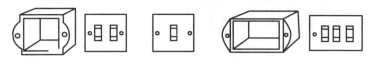

（a）单联和双联　　　　　（b）三联

图 6-5　跷板式塑料开关盒

跷板式开关的安装和接线方法与扳把式开关相同。

在跷板式开关的安装接线时，应使开关切断相线，并应根据开关跷板或面板上的标识确定面板的装置方向。跷板上有红色标记的应朝下安装。当开关的跷板和面板上无任何标识时，应装成跷板向下按时处于断开的位置，即从侧面看跷板上部突出时灯亮，下部突出时灯熄，如图 6-6 所示。

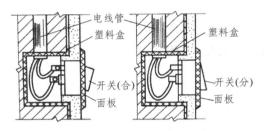

（a）开关处于合闸位置　（b）开关处于断开位置

图 6-6　暗装跷板式开关通断位置

## 三、实训任务

1．实习内容

（1）负荷开关的选择及安装。

（2）开关的选择及安装。

2．工具、器材

尖嘴钳，平口钳，十字起，断线钳，负荷开关，各种开关，电工板。

## 四、考核标准及评分

| 序号 | 主要内容 | 评分标准 | 配分 | 扣分 | 得分 |
|------|----------|----------|------|------|------|
| 1 | 负荷开关的选择及安装 | 负荷开关的选择不正确，扣 5 分；<br>负荷开关的安装每处不正确，扣 5 分 | 30 | | |

| 序号 | 主要内容 | 评分标准 | 配分 | 扣分 | 得分 |
|------|----------|----------|------|------|------|
| 2 | 开关的选择及安装 | 开关的选择不正确，扣5分；<br>开关的安装每处不正确，扣5分 | 30 | | |
| 3 | 插座的选择及安装 | 插座的选择不正确，扣5分；<br>插座的安装每处不正确，扣5分 | 20 | | |
| 4 | 安全文明生产 | 违反安全用电规范，每处扣5分；<br>未清理、清扫工作现场，扣5分 | 20 | | |
| 备注 | 时间：60 min | | 合计 | | |
| | | | 指导教师 | | |

## 五、作 业

（1）负荷开关的选择及安装要求有哪些？

（2）明装开关及暗装开关的选择及安装要求有哪些？

# 项目二　熔断器、插座选择及安装

【学习目标】

（1）掌握熔断器、插座的结构及使用方法。

（2）掌握熔断器、插座的选择及安装方法。

## 一、熔断器

熔断器是低压配电网络和电力拖动系统中主要用作短路保护的电器。使用时串联在被保护的电路中。

### （一）熔断器的结构与主要技术指标

1．熔断器的结构

其结构主要由熔体、安装熔体的熔管和熔座三部分组成。

2．熔断器的主要技术参数

1）额定电压

熔断器的额定电压是指能保证熔断器长期正常工作的电压。

2）额定电流

熔断器的额定电流是指保证熔断器能长期正常工作的电流。它与熔体的额定电流是两个不同的概念。熔体的额定电流是指在规定的工作条件下，长时间通过熔体而熔体不熔断的最大电流值。通常，一个额定电流等级的熔断器可以配用若干个额定电流等级的熔体，但熔体的额定电流不能大于熔断器的额定电流值。

3）分断能力

是指在规定的使用和性能条件下，熔断器在规定电压下能分断的预期分断电流值。时间—电流特性是指在规定工作条件下，表征流过熔体的电流与熔体熔断时间关系函数曲线。由曲线可见，熔断器对过载反应是很不灵敏的，当电气设备发生轻度过载时，熔断器将持续很长时间才熔断，有时甚至不熔断。因此，除在照明电路中外，熔断器一般不宜用作过载保护，主要用作短路保护。

## （二）常用的低压熔断器

### 1．RC1A 系列插入式熔断器

1）型号及含义

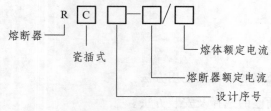

图 6-7　型号及含义

2）直插式熔断器结构

直插式熔断器属于半封闭插入式，它由瓷座、瓷盖、动触头、静触头及熔丝五部分组成，如图 6-8 所示。

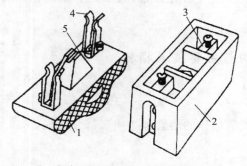

1—瓷盖；2—瓷底座；3—静触头；
4—动触头；5—熔体。

图 6-8　直插式熔断器结构

3）用　途

直插式熔断器一般用在交流 50 Hz、额定电压 380 V 及以下、额定电流 200 A 及以下的低压线路末端或分支电路中，作为电气设备的短路保护及一定程度的过载保护。

RC1A 系列瓷插式熔断器的额定电压为 380 V，额定电流为 5 A、10 A、15 A、30 A、60 A、100 A 及 200 A 等。

### 2．RL1 系列螺旋式熔断器

1）型号及含义

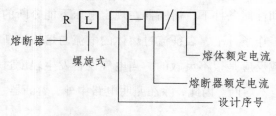

图 6-9　型号及含义

2）结　构

属于有填料封闭管式，主要由瓷帽、熔断管、瓷套、上接线座、下接线座及瓷座等部分组成，如图 6-10 所示。

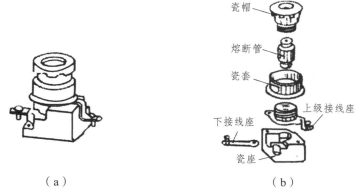

（a）　　　　　　　　　　　　　（b）

图 6-10　螺旋式熔断器结构

熔丝焊在瓷管两端的金属盖上，其中一端有一个标有不同颜色的熔断指示器，当熔丝熔断时，熔断指示器自动脱落，此时只需更换同规格的熔断管即可。

3）用　途

RL1 系列螺旋式熔断器的分断能力较强，结构紧凑，体积小，安装面积小，更换熔体方便，工作安全可靠，并且熔丝熔断后有明显指示，因此广泛应用于控制箱、配电屏、机床设备及振动较大的场合，在交流额定电压 500 V、额定电流有 15 A、60 A、100 A 及 200 A 的电路中，作为短路保护器件。

## （三）熔断器的选用

### 1．熔断器类型的选择

根据使用环境和负载性质选择适当类型的熔断器。例如，用于容量较小的照明线路，可选用 RC1A 系列插入式熔断器；在开关柜或配电屏中可选用 RM10 系列无填料封闭管式熔断器；在机床控制线路中，多选用 RL1 系列螺旋式熔断器；用于半导体功率元件及晶闸管保护时，则应选用 RLS 或 RS 系列快速熔断器等。

### 2．熔体额定电流的选择

（1）对照明、电热等电流较平稳、无冲击电流的负载短路保护，熔体的额定电流应等于或稍大于负载的额定电流。

（2）用作一台不经常启动且启动时间不长的电动机的短路保护，熔体的额定电流 $I_{RN}$ 应大于或等于 1.5 ～ 2.5 倍电动机额定电流 $I_N$，即 $I_{RN} \geqslant (1.5 \sim 2.5)I_N$；对于频繁启动或启动时间较长的电动机，上式的系数应增加到 3 ～ 3.5 倍。

（3）对多台电动机的短路保护，熔体的额定电流应大于或等于其最大容量电动机的额定电流 $I_{Nmax}$ 的 1.5 ～ 2.5 倍加上其余电动机额定电流的总和 $\sum I_N$ 即 $I_{RN} \geqslant (1.5 \sim 2.5)I_{Nmax} + \sum I_N$；在电动机的功率较大而实际负载较小时，熔体额定电流可适当小些，小到电动机启动时熔体不熔断为准。

3．熔断器额定电压和额定电流的选择

熔断器的额定电压必须等于或大于线路的额定电压，熔断器的额定电流必须等于或大于所装熔体的额定电流。

4．熔断器的分断能力

应大于电路中可能出现的最大短路电流。

### （四）熔断器的安装与使用

（1）熔断器应完好无损，安装时应保证熔体和夹头与夹座接触良好，并且有额定电压、额定电流值标志。

（2）插入式熔断器应垂直安装，螺旋式熔断器的电源线应接在瓷底座的下接线座上，负载线应接在螺纹壳的上接线座上。这样在更换熔断管时，旋出螺帽后螺纹壳上不带电，保证了操作者的安全。

（3）熔断器内要安装合格的熔体，不能用多根小规格熔体并联代替一根大规格熔体。

（4）安装熔断器时，各级熔体应相互配合，并做到下一级熔体规格比上一级规格小。

（5）安装熔丝时，熔丝应在螺栓上沿顺时针方向缠绕，压在垫圈下，拧紧螺钉的力应适当，以保证接触良好，同时注意不能损伤熔丝，以免减小熔体的截面积，产生局部发热而产生误动作。

（6）更换熔体或熔管时，必须切断电源。尤其不允许带负荷操作，以免发生电弧灼伤。

（7）对 RM10 系列熔断器，在切断过三次相当于分断能力的电流后，必须更换熔断管，以保证能可靠地切断所规定分断能力的电流。

熔断器兼作隔离器件使用时，应安装在控制开关的电源进线端；若仅做短路保护用，应装在控制开关的出线端。

熔断器技术参数如表 6-3 所示。

表 6-3　熔断器技术参数表

| 名称 | 型号 | 熔管额定电压/V | 熔管额定电流/A | 熔体额定电流等级/A | 最大分断能力/KA |
|---|---|---|---|---|---|
| 瓷插式熔断器 | RC1A-5 | 交流380、220 | 5 | 2，5 | 0.25 |
| | RC1A-10 | | 10 | 2，4，6，10 | 0.5 |
| | RC1A-15 | | 15 | 6，10，15 | 0.5 |
| | RC1A-30 | | 30 | 20，25，30 | 1.5 |
| | RC1A-60 | | 60 | 40，50，60 | 3 |
| | RC1A-100 | | 100 | 80，100 | 3 |
| | RC1A-200 | | 200 | 120，150，200 | 3 |
| 螺旋式熔断器 | RL1-15 | 交流500、380、220 | 15 | 2，4，6，10，15 | 2 |
| | RL1-60 | | 60 | 20，25，30，35，40，50，60 | 3.5 |
| | RL1-100 | | 100 | 60，80，100 | 20 |
| | RL1-200 | | 200 | 100，125，150，200 | 50 |

## 二、插 座

插座是为移动照明电器、家用电器和其他用电设备提供电源的元件,有明装和暗装之分,按基本结构分为单相双极双孔、单相三极三孔(有一极为保护接零) 和三相四极四孔(有一极为保护接零或保护接地)插座等。

### (一)插座的安装要求

(1)插座垂直离地高度,明装插座不应低于 1.3 m;暗装插座用于生活的不应低于 0.15 m,用于公共场所不应低于 1.3 m,并与开关并列安装。

(2)在儿童活动的场所,宜采用安全型插座并装在不低于 1.8 m 的位置上,否则应采取防护措施。

(3)浴室、蒸汽房、游泳池等潮湿场所内应使用专用插座。

(4)空调器的插座电源线,应与照明灯电源线分开敷设,应在配电板或漏电保护电器后单独敷设,插座的规格也要比普通照明、电热插座大。

### (二)明装插座的安装

双孔明装插座的安装步骤如图 6-11 所示,明装插座的安装方法与明装开关相似。

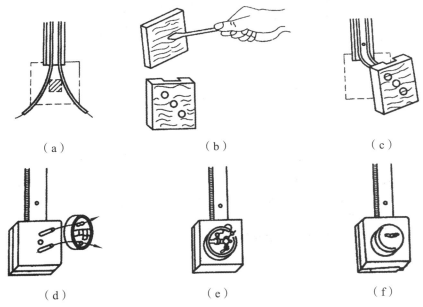

(a)　　　　　　　　　(b)　　　　　　　　　(c)

(d)　　　　　　　　　(e)　　　　　　　　　(f)

图 6-11　双孔明装插座的安装步骤

### (三)暗装插座的安装

暗装插座必须安装在墙体内的插座盒内,不应直接装入墙体内的埋盒空穴中,插座面板应与墙面齐平,不应倾斜。面板四周应紧贴墙面,无缝隙、孔洞,固定插座面板的螺钉应凹进面板表面的安装孔内,并装上装饰帽,以增加美观。

**1．老式通用插座的安装**

安装时，需先在插座芯的接线桩上接线，再将固定插座芯的支持架安装在预埋墙体内的铁皮盒上，然后将盖板拧牢在插座芯的支持架上，如图 6-12（a）所示。

**2．新系列插座的安装**

这种插座的插座芯与面板连成一体，在接线桩上接好线后，将面板安装在预埋在墙体内的塑料插座盒上，如图 6-12（b）所示。

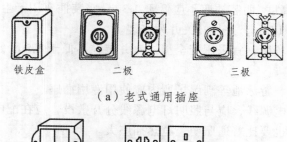

（a）老式通用插座

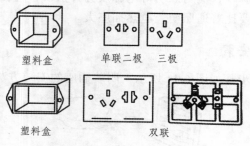

（b）新系列插座

图 6-12　暗装插座

### （四）插座的接线

插座是长期带电的电器，也是线路中最容易发生故障的地方，插座的接线孔都有一定的排列规则，不能接错，尤其是单相带保护接地（接零）的三极插座，一旦接错，就容易发生触电事故。暗装插座接线时，应仔细辨别盒内分色导线，正确地与插座进行连接。

插座接线时应面对插座。单相两极插座在垂直排列时，上孔接相线（L 线），下孔接中性线（N 线），如图 6-13（a）所示；水平排列时，右孔接相线，左孔接中性线，如图 6-13（b）所示。

单相三极插座接线时，上孔接保护接地或零线（PE），右孔接相线（L 线），左孔接中性线（N 线），如图 6-13（c）所示。

三相四极插座接线时，上孔接保护接地或接零线（PE 线），左孔接相线（L1 线），下孔接相线（L2 线），右孔也接相线（L3 线），如图 6-13（d）所示。

暗装插座接线完成后，不要马上固定面板，应将盒内导线理顺，依次盘成圆圈状塞入盒内，且不允许使盒导线相碰或损伤导线，面板安装后表面应进行清洁。

挂线盒是悬挂吊灯或连接线路的元件，一般有塑料和瓷质两种。常用开关，插座，挂线盒的规格、外形和用途如表 6-4 所示。

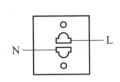

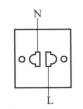

（a）两极插座垂直排列接线　　　　（b）两极插座水平排列接线

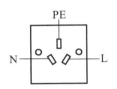

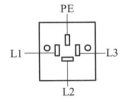

（c）三极插座接线　　　　　　（d）四极插座接线

图 6-13 插座的接线

表 6-4 常用开关，插座，挂线盒的规格、外形

| 名　称 | 规　格 | 外　形 | 外形尺寸 | 备　注 |
|---|---|---|---|---|
| 单相二极暗插座 | 250 V，10 A | | 75×75 mm | |
| 单相二极扁圆两用暗插座 | 250 V，10 A<br>250 V，10 A | | 86×86 mm<br>75×75 mm | 还有带指示灯式和带开关式 |
| 单相三极暗插座 | 250 V，10 A<br>380 V，15 A | | 86×86 mm<br>86×86 mm | |
| 三相四极暗插座 | 380 V，25 A | | | |
| 单相二极明插座 | 250 V，10 A | | $\phi42×26$ mm | 有圆形、方形及扁圆两用插座 |
| 拉线开关 | 250 V，4 A | | $\phi72×30$ mm | 胶木，还有带吊线盒拉线开关 |
| 防雨拉线开关 | 250 V，4 A | | $\phi72×87$ mm | 瓷质 |
| 平装明扳把开关 | 250 V，5 A | | $\phi52×40$ mm | 有单控、双控 |
| 跷板式明开关 | 250 V，4 A | | 55×40×30 mm | 还有带指示灯式 |

续表

| 名　称 | 规　格 | 外　形 | 外形尺寸 | 备　注 |
|---|---|---|---|---|
| 跷板式：一位暗开关<br>二位暗开关<br>三位暗开关 | 250 V，4 A<br>86 系列 | | 86×86 mm | 有单控、双控、单控和双控，并有带指示灯式 |
| 单相三极明插座 | 250 V，6 A<br>250 V，10 A<br>250 V，15 A | | φ54×31 mm | 有圆形、方形 |
| 三相四极明插座 | 380 V，15 A<br>380 V，25 A | | 73×60×36 mm<br>90×72×45 mm | |
| 挂线盒 | 250 V，5 A<br>250 V，10 A | | φ57×32 mm | 胶木、瓷质 |

## 三、实训任务

### 1．实习内容

（1）熔断器的选择及安装。

（2）插座的选择及安装。

### 2．工具、器材

尖嘴钳，平口钳，十字起，断线钳，负荷开关，各种插座，各种开关，电工板。

## 四、考核标准及评分

| 序号 | 主要内容 | 评分标准 | 配分 | 扣分 | 得分 |
|---|---|---|---|---|---|
| 1 | 熔断器的选择及安装 | 熔断器的选择不正确，扣 5 分；<br>熔断器的安装每处不正确，扣 5 分 | 40 | | |
| 2 | 插座的选择及安装 | 插座的选择不正确，扣 5 分；<br>插座的安装每处不正确，扣 5 分 | 40 | | |
| 3 | 安全文明生产 | 违反安全用电规范，每处扣 5 分；<br>未清理、清扫工作现场，扣 5 分 | 20 | | |
| 备注 | | 时间：60 min | 合计 | | |
| | | | 指导教师 | | |

# 五、作　业

（1）熔断器的选择、安装方法及使用注意事项有哪些？

（2）插座的选择、安装方法及使用注意事项有哪些？

# 项目三 一控一照明电路安装

## 【学习目标】

（1）掌握一控一照明电路常用元器件的选择。
（2）掌握一控一照明电路的安装。

## 一、常用的照明电光源种类

电灯所发出的光，叫作电光源。能提供照明的电源，以电光源最为普遍。灯的品种很多，有白炽灯、碘钨灯、荧光灯、氙灯、高压水银荧光灯和钠灯等。但在日常生活和一般的工作环境中，用得最普遍的是白炽灯和荧光灯。白炽灯属于热辐射光源，荧光灯属于气体放电光源。

表 6-5 常用照明电光源的分类及特点

| 种 类 | | 优 点 | 缺 点 | 适用场合 |
|---|---|---|---|---|
| 白炽灯 | | 结构简单，价格低廉，使用和维修方便 | 光效低，寿命短，不耐振动 | 用于室内外照度要求不高，而开关频繁的场合 |
| 碘钨灯 | | 光效较高，比白炽灯高 30% 左右，构造简单，使用和维修方便，光色好，体积小 | 灯管必须水平安装，倾斜度应小于 4°，灯管表面温度高，可达 500～700 ℃，不耐振动 | 广场、体育场、游泳池、车间、仓库等照度要求高、照射距离远的场合 |
| 荧光灯 | | 光效较高，为白炽灯的 4 倍，寿命长，光色好 | 功率因数低，所需附件多，故障比白炽灯多 | 广泛用于办公室、会议室和商店等场所 |
| 氙灯 | | 光效极高，光色接近日光，功率可达到 10 kW 到几十万瓦 | 启动装置复杂，需用触发器启动，灯在点燃时有大量紫外线辐射 | 广泛用于广场、体育场、公园，适合大面积照明 |
| 高压水银荧光灯 | 外附镇流器式 | 光效高，寿命长，耐振动 | 功率因数低，需附件，价格高，启动时间长，初启动 4～8 min，再启动 5～10 min | 广场、大车间、车站、码头街道、码头和仓库等场所 |
| | 自镇式 | 光效高，寿命长，无镇流器附件，使用方便，光色较好，初启动时无延时 | 价格高，不耐振动，再启动要延时 3～6 min | |
| 钠灯 | | 光效很高，省电，寿命长，紫外线辐射少，透雾性好 | 分辨颜色的性能差，启动时间为 4～8 min，再启动需 10～20 min | |
| 金属卤化物灯（如镝灯） | | 光效高，辨色性能较好，属强光灯，若安装不妥易发生眩光和较高的紫外线辐射 | | 适用于大面积高照度的场所，如体育场、游泳池、广场、建筑工地等 |

白炽灯是最早出现的第一代电光源。白炽灯按用途不同可分为普通照明白炽灯和特殊用途白炽灯。这里仅介绍日常生活常用的普通照明白炽灯。

## （一）白炽灯的构造

白炽灯的构造简单，主要由灯头、灯丝和玻璃壳制成，还有玻璃支架和引线，如图 6-14 所示。灯头部分又分为螺口式和插口式两种。

图 6-14　白炽灯结构

白炽灯的玻璃壳一般是用透明玻璃制成的，但可磨砂制成乳白色灯泡，使光线漫射，减少目眩。也有各种不同颜色的玻璃壳，使灯泡发出不同色彩的光线，如天蓝色灯泡使人有凉爽的感觉，夏季用之较合适；红色灯泡发出红色光线，适用于照相馆、医院的 X 光室。

灯丝多采用熔点高和高温蒸发率低的钨丝制成。钨丝的形式分为细直丝、绞合丝和螺旋形丝，近年出现的双螺旋形，其光效更高，使用寿命更长（1 000～1 500 h 以上），节能效果更显著。灯丝的直径、长度、制造质量直接影响到灯泡的各种性能。

当白炽灯的灯丝两端加上额定电压后，灯丝通过电流被加热到白炽状态而发光。输入灯泡的电能大部分转换为不可见的辐射能和热能，只有百分之几到十几的电能转换为可见光能。

由于白炽灯的结构简单、成本低、安装使用方便，故被广泛应用。

## （二）白炽灯的主要技术数据

普通白炽灯的额定电压一般为 220 V，也有 110 V 和 36 V 的。选购时一定要注意玻璃壳顶部的标志，看清灯泡的额定电压是否与线路电源电压一致。

普通照明灯泡的功率有 15 W、25 W、40 W、60 W、100 W、150 W、200 W、300 W、500 W 和 1 000 W 等多种。灯泡的瓦数越大，发光越亮。大功率灯泡内部抽成真空后充有不活泼的惰性气体氩气或氮气，用以增加压力，使灯丝的蒸发和氧化较为缓慢，同时还能提高灯丝的使用温度和发光效率。这是由于充了惰性气体后，可使灯丝蒸发的钨粉通过气体对流上升而聚在灯泡的颈部，因此玻璃壳不会发黑，从而提高发光效率，加快散热。而小功率灯泡只抽成真空。功率在 200 W 以上的灯泡，一般做成螺口式灯头，因为螺口式灯头的电接触优于插口式灯头。为了使大功率灯泡的灯头与灯丝产生的热量离得远一些，其颈部做得较长。

## 二、照明装置安装的一般规定和要求

### （一）照明装置安装的一般规定

（1）灯具安装应牢固，灯具重量超过 3 kg 者，须固定在预埋的吊钩或螺栓上。

（2）灯具的吊管应由直径不小于 10 mm 的薄壁管或钢管制成。

（3）灯具固定时，不应该因灯具自重而使导线承受过大的张力。

（4）灯架及管内的导线不应有接头。

（5）分支及连接处应便于检查。

（6）导线在引入灯具处，不应该受到应力及磨损。

（7）必须接地或接零的金属外壳应有专门的接地螺钉与接地线相连。

（8）室外及潮湿危险场所的灯头离地高度不能低于 2.5 m，室内一般场所不低于 2 m；低于 1 m 时，电源吊线应加套绝缘管保护；灯座离地低于 1 m 时，应采用 36 V 及以下的低压安全灯。

（9）各种开关和插座距地面高度应为 1.3 m 以上，采用安全插座时最低高度不小于 1.5 cm。

### （二）照明装置的安装要求

照明装置的安装要求，可概括成八个字，即正规、合理、牢固、整齐。

（1）正规：指各种灯具开关、插座及所有附件必须按照有关规范、规程和工艺标准进行安装，以达到质量标准的规定。

（2）合理：正确选用与环境相适应的灯具，并做到经济、可靠；合理选择安装位置，做到使用方便。

（3）牢固：是指各照明装置安装应牢固、可靠，达到安全运行和使用的功能。

（4）整齐：是指统一使用环境和统一要求的照明装置，要安装得横平竖直，品种规格要整齐统一，以达到型色协调和美观的要求。在安装的过程中，还要注意保持建筑物顶棚、墙壁、地面不被污染和损伤等。

## 三、常用照明装置的安装方法

### （一）照明灯具安装的基本原则

照明灯具按其配线方式分为壁式、嵌入式和悬吊式等几种方式，不论采用何种方式，都必须遵守以下各项基本原则：

（1）灯具安装的高度，室外一般不低于 3 m，室内一般不低于 2.5 m；如果遇特殊情况不能满足要求，可采取相应的保障措施或改用安全电压供电。

（2）灯具安装应牢固，灯具重量超过 3 kg 时，必须固定在预埋的吊钩上。

（3）灯具固定式，不应该因灯具自重而使导线受力。

（4）灯架及灯管内不允许有接头。

（5）分支及连接处应便于检查。

（6）导线在引入灯具处应有绝缘物保护，以免磨损导线的绝缘，也不应该使其受到应力。

（7）必须接地或接中性点的灯具外壳应有专门的接地螺栓和标志，并和地线（中性线）连接。

（8）室内照明开关一般安装在门边便于操作的位置，拉线开关一般应离地 2～3 m，安装翘板开关一般离地 1.3 m，与门框的距离一般为 150～200 mm。

（9）明装插座的安装高度一般应离地 1.4 m，安装插座一般应离地 300 mm；同一场所安装的插座高应一致，其高度相差一般应不大于 5 mm；多个插座成排安装时，其高度不大于 2 mm。

## （二）白炽灯的安装

白炽灯的安装一般有三种方法：悬吊式、壁式和吸顶式。悬吊式又分为软线吊灯、链式吊灯及钢管吊灯。

### 1．吊灯的安装

1）安装木台

先在木台（塑料圆台）上锯好进线槽，钻好出线孔，然后将电线从木台（塑料圆台）出线孔穿出，再将木台（塑料圆台）固定安装在天花板或横梁上。如果安装处是木材料，则可用木螺丝直接将木台（塑料圆台）固定；如果安装处是水泥结构，应预埋木砖或打洞埋设铁丝榫，然后用木螺钉固定。

2）安装吊线盒

用木螺钉将吊线盒安装在木台上，如图 6-15（a）所示；然后剥去两线木头的绝缘层约 2 cm，并分别旋紧在吊线盒的接线柱上，如图 6-15（b）所示；再取适当长的软导线作为灯头的连接线，上端接吊线盒的接线柱，下端接灯头，在离软导线端 5 cm 处打结扣，如图 6-15（c）所示；最后将软导线的下端从吊线盒盖孔中穿出并旋紧盒盖。

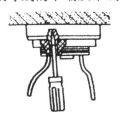 

（a）吊线盒装木台上　　　　　　　（b）导线装吊线盒接线柱上

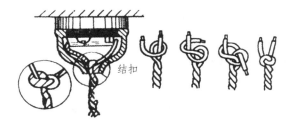

（c）结扣的打法

图 6-15　吊灯安装时软导线的打结方法

3）安装灯座

将软导线下端穿入灯座盖中，在离线头约 3 cm 处打一个如图 6-15（c）所示的结扣后，把两线分别接在灯座的接线柱上，如图 6-16 所示，然后旋紧灯座盖。

图 6-16　灯座的安装

4）吊链的安装

若灯具的重量较大，超过 2.5 kg 时，就需要用吊链或钢管来悬挂灯具。安装时，钢管或吊链的一端固定在灯罩口上，另一端固定在天花板的挂钩上。挂钩可用木螺钉固定在木材质的天花板或梁上，或埋设在混凝土结构的天花板上。

采用吊链悬挂灯具时，两根导线应编入吊链内。

2．吸顶灯的安装

吸顶灯是通过木台将灯具吸顶安装在屋面上。在固定木台之前，需在灯具的底座与木台之间铺垫石棉板或石棉布。

3．壁灯的安装

壁灯可以安装在墙壁上，也可安装在柱子上。当装在砖墙上时，一般在砖墙里预埋木砖或金属构件，禁止用木楔代替木砖。如果装在柱子上，则应在柱上预埋金属构件或用抱箍将金属构件固定在柱上，然后将壁灯固定在金属构件上。

4．灯具的接线

灯具接线时，相线与零线的区分应遵守以下规则：

（1）零线直接接到灯座上，相线经过开关再接到灯座上。

（2）安装螺口灯座时，相线应接在螺口灯座中心弹片上，零线接在螺口上，如图 6-17 所示。

（3）当采用螺口吊灯时，应在吊线盒和灯座上分别将相线做出明显标识，以示区别。

（4）采用双股棉织绝缘软线时，其中有花色的线接相线，无花色的线接零线，以作区分。

（5）若灯罩需接地，应用一根专线与接地线相连，以确保安全。

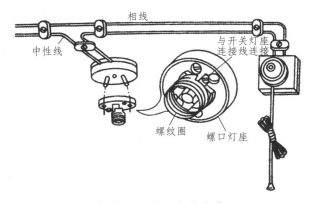
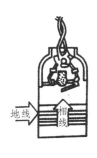

（a）螺口平灯座的安装　　　　　　　　　（b）螺口吊灯座的安装

图 6-17　螺口灯座的安装

## 5．常用灯座

常用灯座外形如图 6-18 所示。

（a）插口灯头　　　　（b）平灯头（螺旋式）　　　　（c）螺口吊灯

图 6-18　常用灯座和灯头

# 四、技能训练

## 1．实习内容

按照图 6-19 所示进行一控一照明电路的安装。

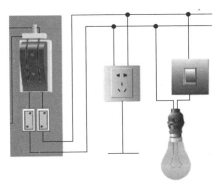

图 6-19　家庭电路布线图

2．工具、器材

尖嘴钳，平口钳，十字起，断线钳，负荷开关，明装各种插座，明装开关，电工板。

## 五、实训步骤

（1）根据安装要求，确定方案，准备好所需材料。

（2）画出电气原理图和安装布置图及安装接线图，如图 6-20 所示（模拟参考图）。

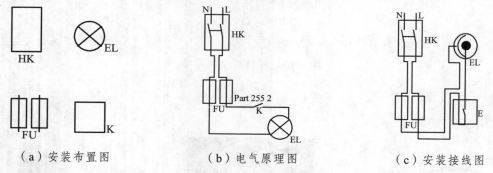

（a）安装布置图　　　　　　（b）电气原理图　　　　　　（c）安装接线图

图 6-20　电气原理、元件位置安装、接线参考图

（3）检查元器件，如：灯泡、灯头、开关。

（4）按照安装布置图连接电路。

（5）灯座的安装：零线必须接螺纹口，火线接中心柱开关必须接火线。

（6）元件器具必须安装牢固、可靠，连接的导线必须横平竖直，不得交叉。

（7）安装好的电路绝缘电阻应≥0.22 MΩ，且无短路，方可通电试验。

安全注意事项：

（1）注意安全用电。

（2）万用表的使用要正确。

（3）通电时必须一人操作一人监护，并且要在指导教师同意后方可试电。

## 六、考核标准及评分

| 序号 | 主要内容 | 评分标准 | 配分 | 扣分 | 得分 |
|------|----------|----------|------|------|------|
| 1 | 作　图 | 电路画错，每处扣 10 分；<br>图形符号画错，每处扣 5 分 | 20 | | |
| 2 | 安装及故障处理 | 元件布置不合理，每处扣 5 分；<br>元件松动，每处扣 5 分；<br>接线松动、毛刺、露铜过多，每处扣 5 分；<br>少处理一个故障，扣 25 分；<br>扩大故障点，扣 25 分；<br>处理故障的方法不正确，扣 10 分 | 40 | | |

续表

| 序号 | 主要内容 | 评分标准 | 配分 | 扣分 | 得分 |
|---|---|---|---|---|---|
| 3 | 仪表使用 | 使用仪表不当，扣 10 分；<br>损坏仪表，扣 20 分 | 30 | | |
| 4 | 安全、文明生产 | 违反安全用电规范，每处扣 5 分；<br>未清理、清扫工作现场，扣 5 分 | 10 | | |
| 备注 | | 时间：4 h | 合计 | | |
| | | | 指导教师 | | |

## 拓展知识　白炽灯照明线路的常见故障及检修方法

白炽灯照明线路的常见故障及检修方法如表 6-6 所示。

表 6-6　白炽灯照明线路的常见故障及检修方法

| 故障现象 | 产生原因 | 检修方法 |
|---|---|---|
| 灯泡不亮 | 灯泡钨丝烧断 | 调换新灯泡 |
| | 电源熔断器的熔丝烧断 | 检查熔丝烧断的原因并更换熔丝 |
| | 灯座或开关接线松动或接触不良 | 检查灯座和开关的接线并修复 |
| | 线路中有断路故障 | 用电笔检查线路的断路处并修复 |
| 开关合上后熔断器熔丝烧断 | 灯座内两线头短路 | 检查灯座内两线头并修复 |
| | 螺口灯座内中心铜片与螺旋铜圈相碰短路 | 检查灯座并扳中心铜片 |
| | 线路中发生短路 | 检查导线绝缘是否老化或损坏并修复 |
| | 用电器发生短路 | 检查用电器并修复 |
| | 用电量超过熔丝容量 | 减小负载或更换熔断器 |
| 灯泡忽亮忽暗或忽亮忽熄 | 灯丝烧断，但受震动后忽接忽离 | 更换灯泡 |
| | 灯座或开关接线松动 | 检查灯座和开关并修复 |
| | 熔断器熔丝接头接触不良 | 检查熔断器并修复 |
| | 电源电压不稳定 | 检查电源电压 |
| 灯泡发强烈白光，并瞬时或短时烧坏 | 灯泡额定电压低于电源电压 | 更换与电源电压相符合的灯泡 |
| | 灯泡钨丝有搭丝，从而使电阻减小，电流增大 | 更换新灯泡 |
| 灯光暗淡 | 灯泡内钨丝挥发后积聚在玻璃壳内，表面透光度减低，同时由于钨丝挥发后变细，电阻增大，电流减小，光通亮减小 | 正常现象，不必修理 |
| | 电源电压过低 | 提高电源电压 |
| | 线路因年久老化或绝缘损坏有漏电现象 | 检查线路，更换导线 |

## 七、作　业

（1）灯具的选择及安装要求是什么？

（2）吊灯安装方法及要求是什么？

# 项目四　单相电能表量电装置

## 【学习目标】

（1）熟悉单相电能表的结构、性能、规格。
（2）会选择单相电能表及相关元件。
（3）熟练掌握单相电能表的安装要求及安装方法。
（4）能进行单相电能表的安装和调试。

## 一、电能表的作用及分类

电能表又叫瓦小时计，是计量耗电量的仪表，具有累计功能，种类繁多，最常用的是交流感应式电能表。

电度表按用途分有功电能表和无功电能表两种，分别计量有功功率和无功功率，规格以额定电流值分挡，有功电能表的规格常用的有 3 A、5 A、10 A、25 A、50 A、75 A 和 100 A 等多种。

按结构分有单相表、三相三线表和三相四线表三种。凡用电量（任何一相的计算负荷电流）超过 120 A 的，必须配装电流互感器，无功电能表的电流通常只制成 5 A 的，使用时必须与电流互感器配合，分有三相三线的和三相四线两种，额定电压分有 100 V 的和 380 V。

## 二、电能表的结构及原理

单相电能表由励磁、阻尼、走字和基座等部分组成，其中励磁部分又分为电流和电压两部分，感应式单相电能表的结构及工作原理如图 6-21 所示。

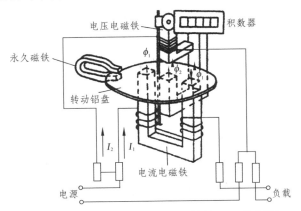

图 6-21　感应式单相电度表的结构及工作原理

电压线圈是常通电的，产生的磁通 $\Phi_U$ 的大小与电压成正比；电流线圈在通过电流时产生磁通 $\Phi_I$，其大小与电流成正比；走字系统的铝盘置于上述磁场中，切割磁场产生力矩而转动。由永久磁铁组成的阻尼部分可避免因惯性作用而使铝盘越转越快，以及阻止铝盘在负载消除后继续旋转。

三相三线表由两组如同单相表的励磁系统集合，和一组走字系统构成复合计数；三相四线表由三组如同单相表的励磁系统集合，和一组走字系统构成计数。

## 三、单相电能表的选用

### （一）选用单相电能表时注意事项

（1）选型应选用换代的新产品，如 DD861、DD862、DD862a 型，这些新产品具有寿命长、性能稳定、过载能力大、损耗低等优点，因此，选型时应优先选用 86 系列单相电度表。

（2）电能表的额定电压必须符合被测电路电压的规格。例如，照明电路的电压为 220 V，则电度表的额定电压也必须是 220 V。

（3）电能表的额定电流必须与负载的总功率相适应。在电压一定（220 V）的情况下，根据公式 $P = IU$ 可以计算出对于不同安培数的单相电能表可装用电器的最大总功率。例如额定电流为 10 A 的单相电能表可装用电器的最大功率为 $P = IU = 10 \times 220 = 2\,200$ W。

### （二）单相电能表的接线

电能表的接线比较复杂，在接线前要查看附在电度表上的说明书，根据说明书要求和接线图把进线和出线依次对号接在电度表的接线端子上。

#### 1．接线原则

电能表的电压线圈应并联在线路上，电流线圈应串联在线路上。

#### 2．接线方法

电能表的接线端子都按从左至右编号，国产有功单相电能表的接线方法为 1、3 接进线，2、4 接出线，如图 6-22 所示。

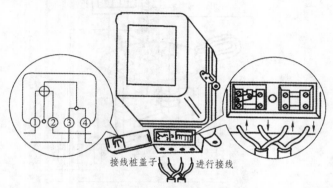

接线桩盖子 进行接线

图 6-22 单相电表的接线图

（三）单相电能表的安装要求

（1）电能表应装在干燥处，不能装在高温潮湿或有腐蚀性气体的地方。

（2）电能表应装在没有振动的地方，因为振动会使零件松动，使计量不准确。

（3）安装电能表时不能倾斜，一般电能表倾斜 5° 会引起 1% 的误差，倾斜太大会引起铝盘不转。

（4）电能表应装在厚度为 25 mm 的木板上，木板下面及四周边缘必须涂漆防潮。允许和配电板共用一块木板，电能表须装在配电装置的左方或下方。单相电能表与配电装置的排列位置如图 6-23 所示。

（5）为了安全和抄表方便，木板离地面的高度不得低于 1.4 m，但也不能过高，通常在 2 m 高度为适宜。如需并列安装多只电能表时，两表间的中心距离不得小于 200 mm。

（a）水平排列

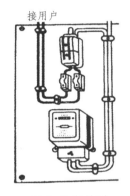
（b）垂直排列

图 6-23　单相电度表与配电装置的排列位置

## 四、新型特种电能表简介

### （一）分时计费电能表

分时计费电能表可利用有功电能表或无功电能表中的脉冲信号，分别计量用电高峰和低谷时间内的有功电能和无功电能，以便对用户在高峰、低谷时期内的用电收取不同的电费。

### （二）多费率电能表

多费率电能表采用专用单片机为主电路的设计。除具有普通三相电度表的功能外，还设有高峰、峰、平、谷时段电能计量，以及连续时间或任意时段的最大需量指示功能，而且还具有断相指示、频率测试等功能。这种电度表可广泛用于电厂、变电所、厂矿企业，便于发、供电部门实行峰谷分时电价，限制高峰负荷。

### （三）电子预付费式电能表

电子预付费式电能表是一种先付费、后用电，通过先进的 IC 卡进行用电管理的一种全新概念的电能表。它采用微电子技术进行数据采样、处理及保存，主要由电度计量及微处理器控制两部分组成。

## 五、技能实训

1．实训器材

（1）配电板，1块。

（2）单相电度表（DD28 型 10 A 220 V），1块。

（3）瓷底胶盖闸刀（HK1-15/2），1个。

（4）熔断器（RC1-10A），2副。

（5）二芯塑料护套线（BV1.5），2.5 m。

（6）电工常用工具，1套。

2．实训内容及要求

1）实训安装接线图

单相电度表与配电板的安装接线如图 6-24 所示。

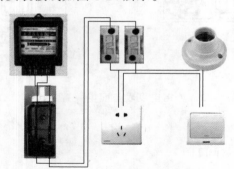

图 6-24　单相电度表与配电板安装图

（1）按要求在木板上确定配电板尺寸。

（2）在配电板上标出各电器的位置。

（3）在配电板上安装各电器。

（4）按护套线路的敷设方法敷设导线。

（5）检查线路连接是否正确。

## 六、考核标准及评分

| 序号 | 主要内容 | 评分标准 | 配分 | 扣分 | 得分 |
|------|----------|----------|------|------|------|
| 1 | 工作准备 | 工具准备少一项，扣 2 分；<br>工具摆放不整齐，扣 5 分 | 10 | | |

| 序号 | 主要内容 | 评分标准 | 配分 | 扣分 | 得分 |
|---|---|---|---|---|---|
| 2 | 元器件安装 | 不按规程正确安装，扣 10 分；<br>元器件松动、不整齐，每处扣 3 分；<br>损坏元器件，每件扣 10 分；<br>不用仪表检查元器件，扣 2 分 | 20 | | |
| 3 | 仪表使用 | 使用仪表不当，扣 10 分；<br>损坏仪表，扣 20 分 | 10 | | |
| 4 | 安装工艺、操作规范 | 电度表安装不垂直，扣 10 分；<br>线路连接不合工艺要求，每处扣 3 分 | 20 | | |
| 5 | 功　能 | 一次通电不成功，扣 15 分；二次通电不成功扣 30 分 | 30 | | |
| 6 | 安全文明生产 | 违反安全用电规范，每处扣 5 分；<br>未清理、清扫工作现场，扣 5 分 | 10 | | |
| 备注 | 时间：4 h | | 合计 | | |
| | | | 指导教师 | | |

# 七、作　业

（1）电能表的安装有哪些要求？

（2）安装电能表时的注意事项是什么？

# 项目五  二控一（双控）电路的安装

【学习目标】

（1）熟悉二控一电路的工作原理。
（2）掌握二控一电路的安装要求及安装方法。

## 一、双控电路工作原理图

双控电路分单进火和双进火两种，两种电路的不同之处是单进火电路开关间有两根导线，比较浪费线，但开关内只有一根相线或零线，比较安全；而双进火电路开关间只有一根导线，能节约用线，但开关内同时接进火线和零线，操作不当容易造成短路事故。

### （一）单进火双控电路

其工作原理如图 6-25 所示。

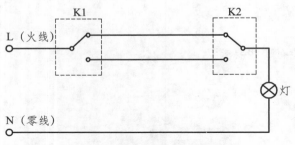

图 6-25  二控一单进火电路工作原理图

从图 6-25 可以看出无论拨动哪个开关（K1 或 K2），整个电路的状态都会切换（连通或断开），这就实现了任何一个开关都可以随时打开或关掉所控制的灯，此电路的特点是火线先进开关公共端，当开关断开后灯是不带电的，能保证维修人员的人身安全，但单安装时所用导线较多。

### （二）双进火双控电路

其工作原理如图 6-26 所示。

从图 6-26 可以看出无论拨动哪个开关（SA1 或 SA2），整个电路的状态都会切换（连通和断开），这就实现了任何一个开关都可以随时打开或关掉所控制的灯，此电路的特点是火线未先进开关公共端，当（SA1 或 SA2）开关断开后（相应的 SA2 或 SA1 仍然接通）无论何时灯都是带电的，不能保证维修人员的人身安全，单安装时所用导线较少，装修公司往往采用这种装法。采用此种装法时一定要注意使用的火线必须是同一相线，若装成不同的相线会造成负载两端的电压为 380 V，从而因电压过高烧毁设备。

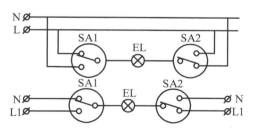

图 6-26 二控一双进火电路工作原理图

## 二、技能实训

1．实训器材

（1）配电板，1 块。

（2）单相电能表（DD28 型 10 A，220 V），1 块。

（3）瓷底胶盖闸刀（HK1-15/2），1 个。

（4）熔断器（RC1-10A），2 副。

（5）双控开关，2 个。

（6）二芯塑料护套线（BV1.5），2.5 m。

（7）电工常用工具，1 套。

2．实训内容及要求

双控电路的安装接线如图 6-27 所示。

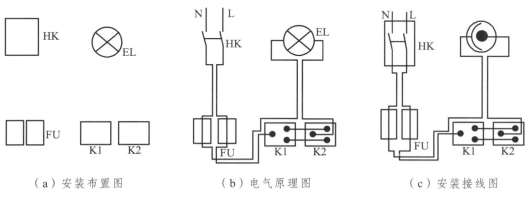

（a）安装布置图　　　　（b）电气原理图　　　　（c）安装接线图

图 6-27 电气原理、元件位置安装、接线参考图

（1）按要求在木板上确定各电器的位置。

（2）在配电板上安装各电器。

（3）按护套线路的敷设方法敷设导线。

（4）检查线路连接是否正确。

（5）在指导教师的允许下方可通电试验。

## 三、考核标准及评分

| 序号 | 主要内容 | 评分标准 | 配分 | 扣分 | 得分 |
|---|---|---|---|---|---|
| 1 | 工作准备 | 工具准备少一项，扣2分；<br>工具摆放不整齐，扣5分 | 10 | | |
| 2 | 元器件安装 | 不按规程正确安装，扣10分；<br>元器件松动、不整齐，每处扣3分；<br>损坏元器件，每件扣10分；<br>不用仪表检查元器件，扣2分 | 20 | | |
| 3 | 仪表使用 | 使用仪表不当，扣10分；<br>损坏仪表，扣20分 | 10 | | |
| 4 | 安装工艺、操作规范 | 器件安装不正确，扣5分；<br>线路连接不合工艺要求，每处扣3分 | 30 | | |
| 5 | 功能 | 一次通电不成功，扣10分；二次通电<br>不成功，扣20分 | 20 | | |
| 6 | 安全文明生产 | 检测火线是否进开关，操作和通电过<br>程是否存在安全问题 | 10 | | |
| 备注 | | | 合计 | | |
| | | | 指导教师 | | |

## 四、作　业

（1）双控电路中单进火和双进火各有什么优点和缺点？

（2）电路接成双进火时的注意事项是什么？

# 项目六　荧光灯电路的安装

## 【学习目标】

（1）熟悉掌握荧光灯电路的工作原理。

（2）掌握荧光灯电路的安装要求及方法。

## 一、荧光灯的结构

荧光灯又叫日光灯，是应用比较普遍的一种电光源。

### （一）荧光灯的组成

荧光灯由灯管、启辉器、镇流器、灯架和灯座等组成，如图 6-28 所示。

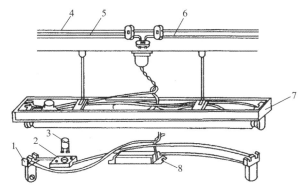

1—灯座；2—启辉器座；3—启辉器；4—相线；5—中性线；6—与开关连接线；7—灯架；8—镇流器。

图 6-28　荧光灯的结构图

### 1．灯　管

灯管由玻璃管、灯丝和灯丝引出脚（俗称灯脚）等构成。此外，在玻璃管内壁涂有荧光材料，管内抽真空后充入少量汞和适量惰性气体（氩），在灯丝上涂有电子发射物质（称电子粉），其构造如图 6-29 所示。

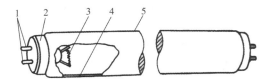

1—灯脚；2—灯头；3—灯丝；4—荧光粉；5—玻璃管。

图 6-29　荧光灯管结构图

荧光灯的规格较多，常用的有 6 W、8 W、12 W、15 W、20 W、30 W 和 40 W 等。

### 2．启辉器

启辉器又叫启动器、跳泡，它是由氖泡、纸介电容和铝外壳组成，如图 6-30 所示。氖泡内有个固定的静止触片和一个双金属片制成的倒 U 形动触片。双金属片由两种膨胀系数差别很大的金属薄片焊制而成。动触片与静触片平时分开，两者相距 1～2 mm。与氖泡并联的纸介电容容量在 500 pF 左右。启辉器规格分 4～8 W 用、15～20 W 用和 30～40 W 用以及通用型 4～40 W 用多种。

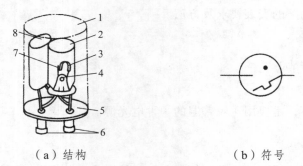

（a）结构　　　　　　　（b）符号

1—铝壳；2—玻璃灯泡；3—动触片；4—涂铀化物；5—胶木底座；
6—插头；7—静触片；8—电容器。

图 6-30　启辉器构造

启辉器有热弧式和热控式两种，其中热弧式应用得最为广泛。

### 3．镇流器

镇流器分为电感式镇流器和电子镇流器，目前越来越多地应用电子镇流器。

1）电感式镇流器

电感式镇流器主要由铁心和电感线圈组成，如图 6-31 所示。

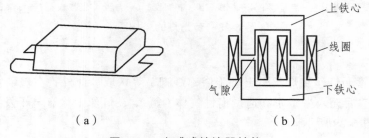

（a）　　　　　　　　　　（b）

图 6-31　电感式镇流器结构

它有两个作用：在启动时与启辉器配合，产生瞬时高压点燃日光灯管；在工作时利用串联在电路中的电感来限制灯管电流，延长灯管使用寿命。

镇流器分为单线圈式和双线圈式两种，如图 6-32 所示。

从外形上看，又分为封闭式、开启式和半开启式三种，如图 6-33 所示。

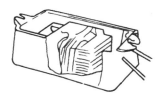

（a）单线圈式

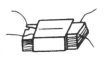

（b）双线圈式

图 6-32　镇流器线圈形式

（a）封闭式

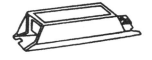

（b）半封闭式

（c）开启（敞开）式

图 6-33　镇流器分类图

镇流器的选用必须与灯管配套（否则会烧坏日光灯），即灯管的功率必须与镇流器的功率相同，常用的有 6 W、8 W、15 W、30 W、40 W 等规格（电压均为 220 V）。

2）电子镇流器

电子镇流器与电感式镇流器相比较，有节能低耗（自身损耗通常在 1 W 左右）、效率高、电路连接简单、不用启辉器、工作时无噪声、功率因数高（大于 0.9 甚至接近于 1）、可使灯管寿命延长一倍等优点。所以，电子镇流器正在逐步取代电感式镇流器。

电子镇流器的种类繁多，但其基本原理是基于高频电路产生自激振荡，通过谐振电路使灯管两端得到高频高压而被点燃。图 6-34 所示为一种日光灯电子镇流器的电路原理图，图 6-35 所示为采用电子镇流器的日光灯接线图。在选用时，电子镇流器的标称功率必须与灯管的标称功率相符。

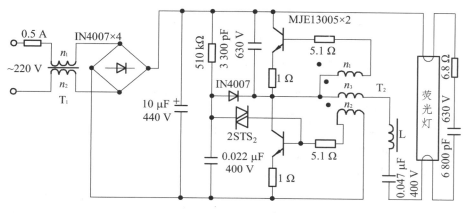

图 6-34　日光灯电子镇流器的电路原理图

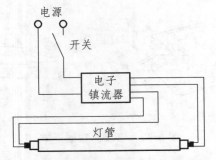

图 6-35　采用电子镇流器的日光灯接线图

此外，许多电子公司纷纷开发出了转换效率高的集成电子镇流器新产品。

4．灯　架

灯架分为木制的和铁制的两种，其规格配合灯管长度选用。

5．灯　座

灯座分弹簧式（也叫插入式）和开启式两种，规格有小型和大型两种，小型的只有开启式，配用 6 W、8 W 和 12 W（细管）灯管，大型的适用于 15 W 以上各种灯管。

灯座的安装步骤如下：

（1）根据荧光灯管的长度画出两灯座的固定位置。

（2）旋下灯座支架与灯座间的紧固螺钉，使其分离。

（3）用木螺钉分别固定两灯座支架。

灯座接线步骤：

（1）按灯管 2/3 的长度截取四根导线。

（2）旋下灯座接线端上的螺钉，将导线线端的绝缘层去除，绞紧线芯，将螺钉边缘打圈。

（3）将螺钉旋入灯座的接线端，注意两灯座其中一个内有弹簧，接线时应先旋松灯脚上方的螺钉，使灯座与外壳分离，接线完毕后恢复原状，导线应串在弹簧内。

## 二、荧光灯的工作原理

荧光灯的工作原理如图 6-36 所示，其工作全过程分启辉和工作两种状态。其工作原理是：灯管的灯丝（又叫阴极）通电后发热（称阴极预热），预热到 850～900 ℃时（约通电 1～3 s 后），阴极发射电子，但荧光灯管属长管放电发光类型，启辉前内阻较高，阴极预热发射的电子尚不能使灯管内形成回路，需要施加较高的脉冲电势；此时灯管内阻很大，镇流器因接近空载，其线圈两端的电压降极小，电源电压绝大部分加在启辉器上，在较高电压的作用下，氖泡内动、静两触片之间产生辉光放电而逐渐发热，泡内 U 形双金属片因温度上升而动作，触及静触片，于是就形成启辉状态的电流回路。接着，因辉光放电停止，U 形双金属片随温度下降而复位，动、静两触片分断，于是在电路中形成一个触发，使镇流器电感线圈中产生较高的感应电动势，出现瞬时高压脉冲；在脉冲电势作用下，使灯管内惰性气体被电离而引起弧光放电，随着弧光放电而使管内温度升高，液态汞就汽化游离，游离的汞分子因运

动剧烈而撞击惰性气体分子的机会骤增，于是就引起汞蒸汽弧光放电，这时就辐射出波长为
2 567 埃米（1 埃米 = 10$^{-1}$ 纳米）的紫外线，激励灯管内壁上的荧光材料而发出可见光，光色
近似"日光色"。

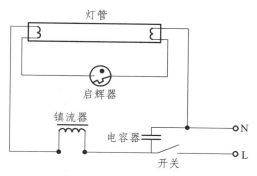

图 6-36　荧光灯工作原理图

灯管启辉后，内阻下降，镇流器两端的电压降随即增大（相当于电源电压的一半以上），
加在氖泡两极间的电压也就大为下降，已不足以引起极间辉光放电，两触片保持分断状态，
不起作用；电流即由灯管内气体电离而形成通路，灯管进入工作状态。

另外，镇流器还有两个作用，一是在阴极预热时，限制灯丝所需的预热电流值，防止预
热过高而烧断，并保证阴极电子发射能力；二是在灯管启辉后，维持灯管的工作电压和限制
灯管工作电流在额定值以内，以保证灯管能稳定放电。根据上述工作特性，通常都采用由铁
心和线圈组成的镇流器；为了减少磁饱和，铁心磁路中留有间隙，以增加漏磁而限制通过线
圈的启动电流；若在电源引入端并联一个电容器，即能起到补偿功率因数的作用。

并联在氖泡上的小电容有两个作用：其一，与镇流器线圈形成 $LC$ 振荡电路，能延长灯
丝的预热时间和维持脉冲电势；其二，能吸收干扰收音机和电视机之类电子装置的杂波。容
量以 0.005 μF 为最佳。当电容器被击穿时，剪除后氖泡仍可应用。

启辉器也可用按钮（或开关）代替，在维修时，临时可用绝缘导线两端芯线触碰启辉器
基座两极，同样可起到触发作用。

短型灯管一端灯丝断裂时，可将同端的灯丝两个引出脚并联后继续使用，此方法对于长
型灯管因预热达不到要求而较难奏效。

对小功率灯管，也可采用阻容式镇流器，它由充电电容、泄放电阻和稳流电阻（也可用
小功率灯泡代替）组成。组成和接线方法如图 6-37 所示。

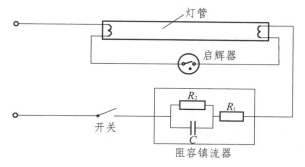

图 6-37　阻容式镇流器接线图

阻容元件与灯管功率的选配如表 6-7 所列。

表 6-7　阻容式镇流器的阻容元件与灯管功率选配表

| 荧光灯功率/W | $C/\mu F$ | $R_1/$（$M\Omega/W$） | $R_2/$（$M\Omega/W$） | 代替电阻的小灯泡/（V/W） |
|---|---|---|---|---|
| 6 | 2 | 150～220/8 | 1/1 | 36/10 |
| 8 | 2.22 | 150～220/8 | 1/1 | 36/10 |
| 15 | 4.47 | 40～50/10 | 1/1 | 10/5 或 24/10 |

注：① 当电源电压低、环境温度低或灯管衰老而启辉困难时，选配的电容量可比表列数值增大 10%～15%。
　　② 充电电容 $C$ 的耐压，应比电源电压大 1.4 倍。

## 三、荧光灯附件的选配

灯附件要与灯管功率、电压和频率等相适应。常用附件的选配如表 6-8 所示。

表 6-8　荧光灯附件的选配表

| 灯　管 | | | | 镇流器 | | | | 启辉器 | | 电容器 | |
|---|---|---|---|---|---|---|---|---|---|---|---|
| 标称功率/W | 工作电压/V | 工作电流/A | 启辉电流/A | 规格/W | 工作电压/V | 工作电流/A | 启辉电流/A | 额定电压/V | 规格/W | 额定电压/V | 容量/μF |
| 6 | 50 | 0.135 | 0.18 | 6 | 202 | 0.14 | 0.18 | | 4～8 或 4～40 | | — |
| 8 | 60 | 0.145 | 0.2 | 8 | 200 | 0.16 | 0.2 | | | | — |
| 15 | 50 | 0.32 | 0.44 | 15 | 202 | 0.33 | 0.44 | 220 | 15～20 或 4～40 | 250 | 2.5 |
| 20 | 60 | 0.35 | 0.5 | 20 | 196 | 0.35 | 0.5 | | | | — |
| 30 | 89 | 0.35 | 0.56 | 30 | 180 | 0.36 | 0.56 | | 30～40 或 4～40 | | 3.75 |
| 40 | 108 | 0.41 | 0.65 | 40 | 165 | 0.41 | 0.65 | | | | 4.75 |

## 四、荧光灯的安装

荧光灯的安装方法，主要是按线路图连接电路。常用荧光灯的线路图，如图 6-33 所示以外，还有四个线头镇流器的接线图，如图 6-38 所示。

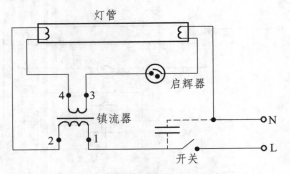

图 6-38　四个线头镇流器接线图

## （一）安装要求

（1）采用开启式灯座时，必须用细绳将灯管两端绑扎在灯架上，以防灯座松动而灯管坠下。

（2）灯架不可直接贴装在由可燃性建筑材料构成的墙或平顶上。

（3）灯架下放至离地 1 m 高时，电源引线要套上绝缘套管，灯架背部加装防护盖，镇流器部位的盖罩上要钻孔通风，以利散热。

（4）吊式灯架的电源引线必须从挂线盒中引出，一般要求一灯接一个挂线盒。

## （二）安装方法

（1）荧光灯管是长形细管，光通量在中间部分最高。安装时使灯管与被照面横向保持平行，力求得到较高的照度。

（2）吊式灯架的挂链吊钩应拧在平顶的木结构或木榫上，或预制的吊环上，方为可靠。

吊装式荧光灯灯具的安装，根据荧光灯灯架吊装钩的宽度，在安装位置处安装吊钩，如图 6-39 所示，在荧光灯灯架上放出一定长度的吊线或吊杆（注意灯具离地高度不应低于 2.5 mm），将吊线或吊杆与灯具连接即可。

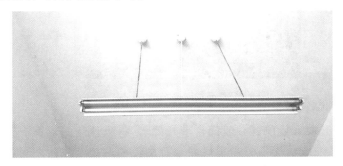

图 6-39　吊装式荧光灯灯具的安装

（3）接线时，把相线接入控制开关，开关出线必须与镇流器相连，再按镇流器接线图接线。

（4）当四个线头镇流器的线头标记模糊不清楚时，可用万用表电阻挡测量，电阻小的两个线头是副线圈，标记为 3、4，与启辉器构成回路；电阻大的两个线头是主线圈，标记为 1、2，接法与二线镇流器相同。

（5）在工厂企业中，往往把两盏或多盏荧光灯装在一个大型灯架上，仍用一个开关控制，接线按并联电路接法，如图 6-40 所示。

（6）吸顶式荧光灯安装时，镇流器不能放在日光灯架上，否则散热较困难。安装时，日光灯的架板与天花板之间要留 1.5 cm 的空隙，以利于通风。当采用钢管或吊链安装时，镇流器可放在灯架上。将吸顶式荧光灯灯具中的灯架与灯罩分离，在安装灯具位置处将灯架吸顶，在灯架固定孔内画出记号，经钻孔、预设木榫后，用螺钉将灯架吸顶固定，接上电源后固定上灯罩。

具体安装步骤如下：

① 拆开包装，先把底座上自带的一点线头去掉，如图 6-41 所示。

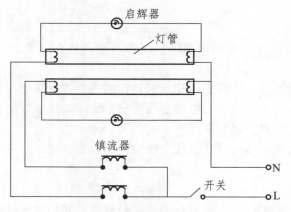

图 6-40  多支灯管的并联线路

图 6-41  步骤①

② 再把灯管取出来（吸顶灯一般都自带光源），将吸顶灯面罩拆下，把面罩取下来之后顺便将灯管取下来，一般情况下，吸顶灯面罩有旋转和卡扣卡住两种固定的方式，拆的时候要注意，防止在安装时打碎灯管，如图 6-42 所示。

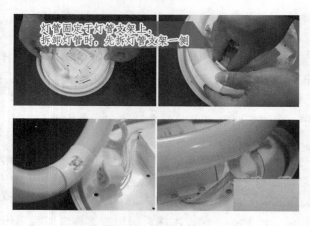

图 6-42  步骤②

③ 把底座放到安装位置上，画好孔的位置，按照吸顶灯的安装孔位，在天花上打眼，如图 6-43 所示。

图 6-43 步骤③

④ 把底座放上去，带紧螺丝。固定好底座后，就可以将电源线与吸顶灯的接线座进行连接，如图 6-44 所示。需注意的是，与吸顶灯电源线连接的两个线头，电气接触应良好，还要分别用黑胶布包好，并保持一定的距离。

图 6-44 步骤④

⑤ 接好电线后，可试通电，如一切正常，便可关闭电源装上吸顶灯的面罩，如图 6-45 所示。

（7）嵌入式荧光灯具的安装。嵌入式荧光灯灯具应安装在吊顶装饰的房屋内。吊顶时应根据嵌入式荧光灯灯具的安装尺寸预留出嵌入位置，待吊顶基本完工后将灯具嵌入并固定。

嵌入式吸顶灯安装步骤和方法

① 在天花板安装处开一方孔或圆孔，根据灯形状而定，如图 6-46 所示。

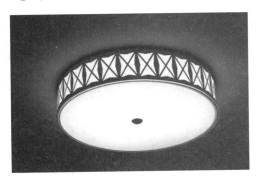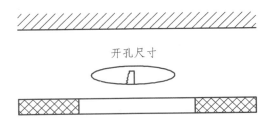

图 6-45 步骤⑤　　　　　　　　　　图 6-46 步骤①

② 安装时，先把安装卡弹装于两边灯具将卡弹防御灯具两边，并将灯具安装在方孔或圆孔里面。

③ 把灯具的电线和家里的电网电线接好，并用电工胶布包扎好接口处，如图 6-47 所示。

④ 用手把灯具的两个扭簧向上压到与水平垂直，如图 6-48 所示。

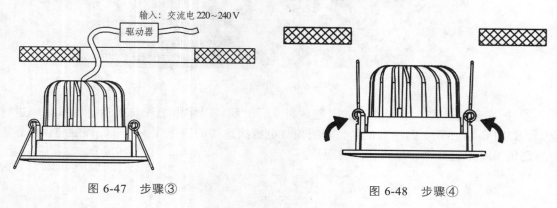

图 6-47  步骤③

图 6-48  步骤④

⑤ 放置灯具并固定，双手按住灯具两边的卡簧放入天花板开孔内，内侧的卡簧顶住天花板，用手按住面罩稍用力往上推入卡紧即可，如图 6-49 所示。

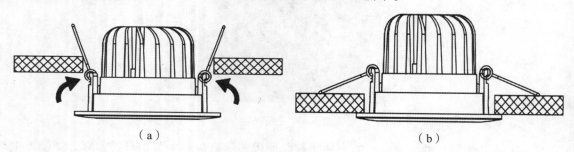

（a）

（b）

图 6-49  步骤⑤

嵌入式吸顶灯灯管更换步骤：

① 用手轻按面罩"open"位置，面罩自动弹开，取下面罩。

② 稍用力拔下坏灯管。

③ 将新灯管四铜针对准插座四孔，稍用力插入即可。注：灯管因型号不同而不一样。

④ 将面罩对准方向盖入底座，稍用力按住卡到位即可，如安装不妥，会导致灯罩坠落。

嵌入式吸顶灯安装注意事项：

① 吸顶灯不可直接安装在易燃的物件上。有的人为了天花板美观，采用三夹板衬在吸顶灯的后面，这样的做法非常危险。安装吸顶灯时如果没有隔热措施，在日后的使用中也会非常危险。如果灯具表面温度过高（靠近可燃物时），必须采取隔热或散热措施，以免引发火灾出现。

② 做好连接线的包装。为了灯具的使用安全，与吸顶灯进线连接的两个线头，电气接触应该良好，需要分别用绝缘胶布包好，并保持一定的距离，如果有可能尽量不要将两个线头放在同一个金属片下，避免短路发生危险。绝缘胶布需要买质量好的产品，切忌购买劣质的胶布。

③ 安装时应该断开电源。嵌入式吸顶灯安装时，应该将其管制的电源阀关闭，避免发生触电事件。灯罩里可以放置一些干燥剂，特别是卫生间中的吸顶灯在安装时，更应该放置一些干燥剂，避免潮湿的环境影响到电路的使用。

④ 嵌入式吸顶灯安装之前，需要检查每个灯具的导线线芯的截面，电线的铜芯截面面积不可小于 0.75 mm，足够粗细的铜线能够保证灯具用电安全。导线与灯头的连接要牢固，电气接触应良好，以免因接触不良使导线与接线端出现火花，引发危险。

嵌入式吸顶适用范围：

① 嵌入式吸顶家用。

家用嵌入式吸顶适合用于安装在厨房间、卫生间、阳台、过道。

② 嵌入式吸顶灯工程用。

工程较适用于扣板吊顶、石膏板吊顶和木质吊顶。提前先在需要安装的吊板上面开好孔，把该灯的两个钢卡装在灯的两端，接好电源线后，直接嵌入即可。

（8）新型荧光灯灯管。

近年来，环形、U 形、H 形等新型荧光灯灯管相继得到大力推广。与直管形荧光灯灯管相比，这些新产品具有体积小、照度集中、布光均匀、外形美观等优点，如图 6-50 所示。

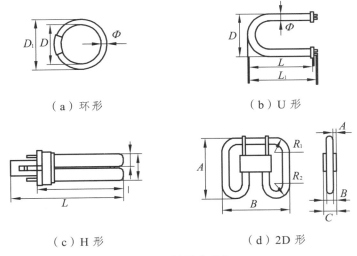

（a）环形　　　　　　　　　（b）U 形

（c）H 形　　　　　　　　　（d）2D 形

图 6-50　新型荧光灯

## 五、荧光灯故障的排除方法

荧光灯的常见故障比较多，故障原因、现象和排除方法如表 6-9 所示。

表 6-9　荧光灯常见故障的排除方法

| 故障现象 | 产生故障的可能原因 | 排除方法 |
|---|---|---|
| 灯管不发光 | 无电源 | 验明是否停电，或熔丝烧断 |
|  | 灯座触点接触不良，或电路线头松散 | 重新安装灯管，或重新连接已松散线头 |

| 故障现象 | 产生故障的可能原因 | 排除方法 |
|---|---|---|
| 灯管不发光 | 起辉器损坏，或与基座触点接触不良 | 先旋动启辉器，试看是否发光；再检查线头是否脱落，排除后仍不发光，应更换启辉器 |
| | 镇流器绕组或管内灯丝断裂或脱落 | 用万用表低电阻挡测量绕组和灯丝是否通路；20 W 及以下灯管一端断丝，可把两脚短路，仍可应用 |
| 灯管两端发亮，中间不亮 | 启辉器接触不良，或内部小电容击穿，或基座线头脱落，或启辉器已损坏 | 按上例三个方法检查，小电容击穿，可剪去后复用 |
| 启辉困难，（灯管两端不断闪烁，中间不亮） | 启辉器配用不成套 | 换上配套的启辉器 |
| | 电源电压太低 | 调整电压或缩短电源线路，使电压保持在额定值 |
| | 环境气温太低 | 可用热毛巾在灯管上来回烫熨（应注意安全，灯架和灯座处不可触及和受潮） |
| | 镇流器配用不成套，启辉电流过小 | 换上配套的镇流器 |
| | 灯管衰老 | 更换灯管 |
| 灯光闪烁或管内有螺旋形滚动光带 | 启辉器或镇流器连接不良 | 接好连接点 |
| | 镇流器不配套（工作电流过大） | 换上配套的镇流器 |
| | 新灯管暂时现象 | 使用一段时间，会自行消失 |
| | 灯管质量不佳 | 无法修理，更换灯管 |
| 镇流器过热 | 镇流器质量不佳 | 正常温度以不超过 65 ℃ 为限，过热严重的应更换 |
| | 启辉情况不佳，连续不断地长时间产生触发，增加镇流器负担 | 排除启辉系统故障 |
| | 镇流器不配套 | 换上配套的镇流器 |
| | 电源电压过高 | 调整电压 |
| 镇流器异声 | 铁心叠片松动 | 固紧铁心 |
| | 铁心硅钢片质量不佳 | 更换硅钢片（需校正工作电流，即调节铁心间隙） |
| | 绕组内部短路（伴随过热现象） | 更换绕组或整个镇流器 |
| | 电源电压过高 | 调整电压 |
| 灯管两端发黑 | 灯管衰老 | 更换灯管 |
| | 启辉不佳 | 排除启辉系统故障 |
| | 电压过高 | 调整电压 |
| | 镇流器不配套 | 换上配套的镇流器 |
| 灯管光通量下降 | 灯管衰老 | 更换灯管 |
| | 电压过低 | 调整电压，或缩短电源线路 |
| | 灯管处于冷风直吹场合 | 采取遮风措施 |

## 六、技能实训

1．实训器材

（1）配电板，1 块。

（2）单相电能表（DD28 型 10 A，220 V），1 块。

（3）瓷底胶盖闸刀（HK1-15/2），1 个。

（4）熔断器（RC1-10A），2 副。

（5）日光灯套件。

（6）二芯塑铜芯线（BV1.5），2.5 m。

（7）电工常用工具，1 套。

2．实训内容及要求

二控一荧光灯照明电路的安装如图 6-51 所示。

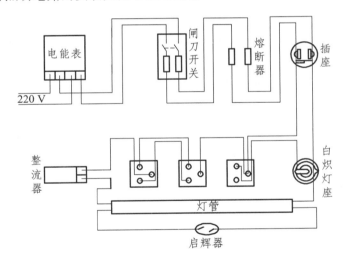

图 6-51　二控一荧光灯照明电路的安装图

（1）按要求在木板上确定各电器的位置。

（2）在配电板上安装各电器。

（3）按护套线路的敷设方法敷设导线。

（4）检查线路连接是否正确。

（5）在指导教师的允许下方可通电试验。

## 七、考核标准及评分

| 序号 | 主要内容 | 评分标准 | 配分 | 扣分 | 得分 |
|------|----------|----------|------|------|------|
| 1 | 工作准备 | 工具准备少一项，扣 2 分；<br>工具摆放不整齐，扣 5 分 | 10 | | |
| 2 | 元器件安装 | 不按规程正确安装，扣 10 分；<br>元器件松动、不整齐，每处扣 3 分；<br>损坏元器件，每件扣 10 分；<br>不用仪表检查元器件，扣 2 分 | 20 | | |
| 3 | 仪表使用 | 使用仪表不当，扣 10 分；<br>损坏仪表，扣 20 分 | 10 | | |
| 4 | 安装工艺、操作规范 | 器件安装不正确，扣 5 分；<br>线路连接不合工艺要求，每处扣 3 分 | 30 | | |
| 5 | 功能 | 一次通电不成功，扣 10 分；二次通电不成功，扣 20 分 | 20 | | |
| 6 | 安全文明生产 | 检测火线是否进开关，操作和通电过程是否存在安全问题 | 10 | | |
| 备注 | | | 合计 | | |
| | | | 指导教师 | | |

## 八、作 业

（1）简述荧光灯工作原理是什么？

（2）日光灯中的镇流器、启辉器及启辉器中的小电容的作用是什么？

# 项目七　三相电能表的安装与调试

【学习目标】

（1）熟悉三相电能表的结构、性能、规格。
（2）会正确选择三相电能表及相关元件。
（3）熟练掌握三相电能表的安装要求及安装方法。
（4）能正确安装三相电能表。

## 一、三相电能表的分类

根据被测电能的性质，三相电能表可分为有功电能表和无功电能表。

根据被测线路的不同，三相有功电能表又分为三相四线制和三相三线制两种。

三相四线制有功电能表的额定电压一般为 220 V，额定电流有 1.5 A、3 A、5 A、6 A、10 A、15 A、20 A、25 A、30 A、40 A、60 A 等数种，其中额定电流为 5 A 的可经电流互感器接入电路。

三相三线制有功电能表的额定电压一般为 380 V，额定电流有 1.5 A、3 A、5 A、6 A、10 A、15 A、20 A、25 A、30 A、40 A、60 A 等数种，其中额定电流为 5 A 的可经电流互感器接入电路。

根据被测线路的不同，三相无功电能表又分为三相四线制和三相三线制两种。

## 二、三相电能表的安装与接线

按接线方式划分可分为直接式和间接式两种。常用直接式三相电能表的规格有 10 A、20 A、30 A、50 A、75 A 和 100 A 等多种，一般用于电流较小的电路上；间接式三相电能表常用的规格是 5 A，与电流互感器连接后，用于电流较大的电路上。

### （一）直接式三相四线制电能表接线（有功电能表）

其原理图如图 6-52 所示。这种电能表共有 11 个接线桩头，从左到右按 1、2、3、4、5、6、7、8、9、10、11 编号，其中 1、4、7 是电源相线的进线桩头，用来连接从总熔丝盒下桩头引出来的三根相线；3、6、9 是相线的出线桩头，分别去接总开关的三个进线桩头；10、11 是电源中性线的进线桩头和出线桩头，2、5、8 三个接线桩头可空着不接，如图 6-53 所示。其连接片不可拆卸。

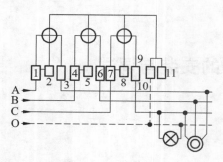

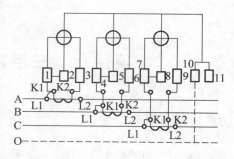

（a）直接接入时原理图　　　　　　（b）经电流互感器接入时原理图

图 6-52　三相四线制电能表原理图

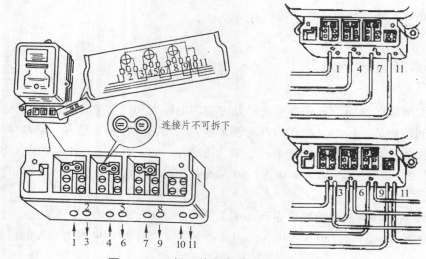

图 6-53　三相四线制有功电能表接线图

## （二）直接式三相三线制电能表的接线

其原理图如 6-54 所示。这种电能表共有 8 个接线桩头，其中 1、4、6 是电源相线进线桩头；3、5、8 是相线出线桩头；2、7 两个接线桩可空着，如图 6-55 所示。

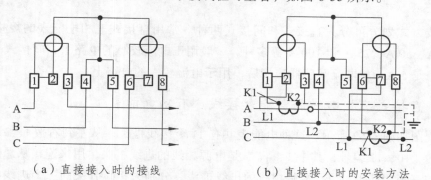

（a）直接接入时的接线　　　　　　（b）直接接入时的安装方法

图 6-54　三相三线制电能表原理图

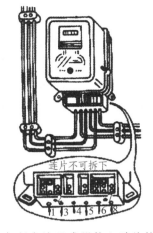
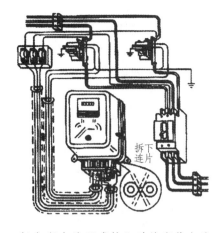

（a）经电流互感器接入时的接线　　　（b）经电流互感接入时的安装方法

图 6-55　三相三线制电能表接线图

## （三）间接式三相四线制电能表的接线

这种三相电能表需配用三只同规格的电流互感器，接线时把总熔丝盒下接线桩头引来的三根相线分别与三只电流互感器一次侧的"+"接线桩头连接。同时用三根绝缘导线从这三个"+"接线桩引出，穿过钢管后分别与电能表 2、5、8 三个接线桩连接。接着用三根绝缘导线，从三只电流互感器二次侧的"+"接线桩头引出，穿过另一根钢管与电能表 1、4、7 三个进线桩头连接。然后用一根绝缘导线穿过后一根保护钢管，一端连接三只电流互感器二次侧的"−"接线桩头，另一端连接电能表的 3、6、9 三个出线桩头，并把这根导线接地。最后用三根绝缘导线，把三只电流互感器一次侧的"−"接线桩头分别与总开关进线桩头连接起来，并把电源中性线穿过前一根钢管与电能表 10 号进线桩连接。接线桩 11 号是用来连接中性线的出线。其原理图与接线图如图 6-56 所示。接线时，应先将电能表接线盒内的三块连接片都拆下。

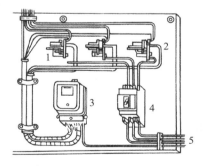
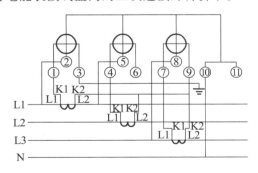

（a）三相四线电能表间接接线安装接线图　　（b）三相四线电能表间接接线原理图

1—电流互感器；2—动力部分；3—三相电能表；4—总开关；5—接分路开关。

图 6-56　三相四线电能表间接接线原理图及安装图

## （四）间接式三相三线制电能表的接线

这种三相电能表需配用两只相同规格的电流互感器。接线时把从总熔丝盒下接线桩头引出来的三根相线中的两根相线分别与两只电流互感器一次侧的"＋"接线桩头连接。同时从这两个"＋"接线桩头，用铜芯塑料硬线引出，并穿过钢管分别接到电能表 2、7 号两个接线桩头上，接着从两只电流互感器二次侧的"＋"接线桩用两根铜芯塑料硬线引出，并穿过另一根钢管分别接到电能表 1、6 号两个接线桩头上，然后用一根导线从两只电流互感器二次侧的"－"接线桩头引出，穿过后一根钢管接到电能表的 3、8 号两个接线桩头上，并应把这根导线接地。最后将总熔丝盒下桩头余下的一根相线和从两只电流互感器一次侧的"－"接线桩头引出的两根绝缘导线，接到总开关的三个进线桩头上，同时从总开关的一个进线桩头（总熔丝盒引入的相线桩头）引出一根绝缘导线，穿过前一根钢管，接到电能表接线桩 4 号上，如图 6-57 所示。同时注意应将三相电能表接线盒内的两块连接片都拆下。

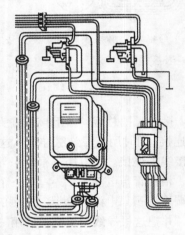
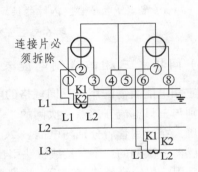

（a）间接式三相三线制电能表安装接线图　（b）间接式三相三线制电能表接线图原理图

图 6-57　间接式三相三线制电能表原理及接线图

## （五）三相四线制无功电能表接线

在三相四线制无功电能表的测量中，最常用的是一种带附加电流线圈结构的无功电能表，如 DX1 型、DX15 型和 DX18 型等，其接线原理图如图 6-58 所示。

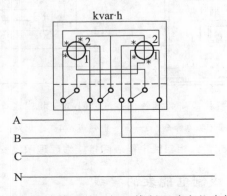

图 6-58　带附加电流线圈的三相四线制无功电能表接线原理图

## （六）三相三线制无功电能表接线

在三相三线制无功电能的测量中，最常用的是一种具有 60° 相位角的三相无功电能表，如 DX2 型和 DX8 型等，其接线原理图如图 6-59 所示。

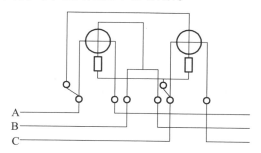

图 6-59　具有 60° 相位角的三相三线制无功电能表接线原理图

## （七）带互感器的三相电能表的接线

### 1．电压互感器

电压互感器实质上是一个降压变压器。一般规定电压互感器的二次绕组的额定电压为 100 V，一次绕组的匝数比二次绕组的匝数要多得多。不同量程的电压互感器，其一次绕组的匝数不同，所以一次绕组可接入不同的电压。其接线图如图 6-60 所示。

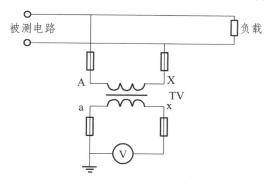

图 6-60　电压互感器的接线图

电压互感器一次侧与二次侧的额定电压之比等于其匝数之比，而一次侧与二次侧匝数之比是一常数，称为电压互感器的变比 $K_U$。被测电压等于二次侧电压表读数乘以该变比。

电压互感器的安装接线应注意以下问题：

（1）二次回路接线应采用截面积不小于 1.5 mm² 的绝缘铜线，排列应当整齐，连接必须良好；盘、柜内的二次回路接线不应有接头。

（2）电压互感器的外壳和二次回路的一点应良好接地。用于绝缘监视的电压互感器的一次绕组中性点必须接地。

（3）为防止电压互感器一、二次短路的危险，一、二次回路都应装有熔断器。接成开口三角形的二次回路即使发生短路也只流过微小的不平衡电流和三次谐波电流，故不装设熔断器。

（4）电压互感器二次回路中的工作阻抗不得太小，以避免超负荷运行。

（5）电压互感器的极性和相序必须正确。

2．电流互感器

电流互感器相当于一个降流变压器，一般规定电流互感器的二次绕组的额定电流为 5 A，一次绕组的匝数比二次绕组的匝数要少得多，其接线图如图 6-61 所示。

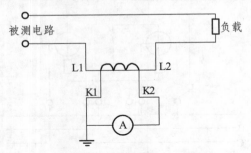

图 6-61　电流互感器的接线图

电流互感器一次侧与二次侧的电流之比等于其匝数之比的倒数，而一次侧与二次侧匝数之比的倒数是一常数，称为电流互感器的变比 $K_I$。被测电流等于二次侧电流表读数乘以该变比。

电流互感器的安装接线应注意以下问题：

（1）二次回路接线应采用截面积不小于 2.5 mm² 的绝缘铜线，排列应当整齐，连接必须良好，盘、柜内的二次回路接线不应有接头。

（2）为了减轻电流互感器一次线圈对外壳和二次回路漏电的危险，其外壳和二次回路的一点应良好接地。

（3）对于接在线路中的没有使用的电流互感器，应将其二次线圈短路并接地。

（4）为避免电流互感器二次开路的危险，二次回路中不得装熔断器。

（5）电流互感器二次回路中的总阻抗不得超过其额定值。

（6）电流互感器的极性和相序必须正确。

3．电能表加装互感器的接线

三元件三相四线制有功电能表经互感器接入三相电路时的接线图如图 6-62 所示。

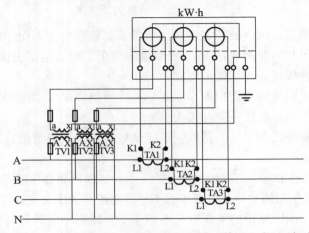

图 6-62　三元件三相四线制有功电能表经互感器接入三相电路时的接线图

两元件三相三线制有功电能表和三相三线制无功电能表经互感器接入三相电路时的接线如图 6-63 所示。

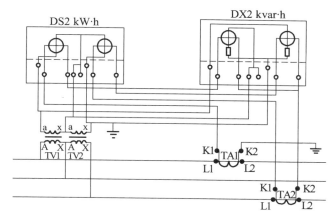

图 6-63 两元件三相三线制有功电能表和三相三线无功电能表经互感器接入三相电路接线图

**4．互感器接线时的注意事项**

（1）与互感器一次侧接线端子连接时，可用铝芯线；与二次侧接线端子连接时，必须采用铜芯导线。

（2）与二次侧接线端子连接的导线截面积，应选用 1.5 mm$^2$ 或 2.5 mm$^2$ 的单股铜芯绝缘线；中间不得有接头，也不可采用软线

（3）互感器一次侧接线端子的 L1 接主回路的进线，L2 接出线；互感器二次侧接线端子的 K1 或 "＋" 接电能表电流线圈的进线端子，K2 或 "－" 接电能表电流线圈的出线端子（在实际连线时，应将三个电流线圈的出线端子、三个 K2 分别先进行 Y 形连接，然后把两 Y 形的中点用一根导线连在一起）。

（4）互感器二次侧的 K2（或 "－"）接线端子、外壳和铁心都必须进行可靠的接地。

（5）互感器宜装在电能表板上方。

**5．电能表带互感器接线时电能的读数**

电能表加装互感器后电能的读数方法如下：当电能表与所标明的互感器配套使用时，可直接从电能表上读出所测电路的度数；当电能表与所标明的互感器不同时，则需根据电压互感器的电压变比和电流互感器的电流变比对读数进行换算，才能得到被测电能的数值。


## 三、技能实训

**1．实训器材**

（1）木制配电板（自定尺寸），1 块。

（2）三相三线制有功电能表，1 个。

（3）空气开关 DZ10-6，1 个。

（4）电流互感器 LQG-0.5（505），3 个。

（5）铜芯绝缘线 BV 1.5 mm²，20 m。

（6）线路敷设器材，若干。

（7）电工常用工具，1 套。

（8）三相电动机（作负载），1 台。

2．实训内容及要求

1）实训接线原理图

实训接线原理图如图 6-64 所示。

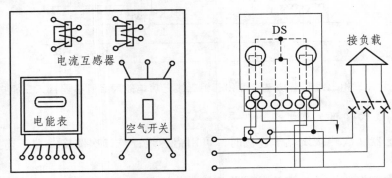

图 6-64 三相电能表实训接线原理图

2）实训步骤

（1）清点元件数量和规格，检查元件是否良好。

（2）预习三相三线制电能表的工作原理和带电流互感器的接线方法，并绘制出接线图。

（3）在木板上确定配电板尺寸，标出各电器的安装位置并钻孔。

（4）安装各电器。

（5）敷设线路并进行各电器的连接。

（6）检查线路的安装质量以及电能表的接线是否正确。

（7）经查对无误后带上负载进行通电实验。

试验完毕经指导教师检查、评分后，及时切除电源并做好现场结束工作。

3）注意事项

（1）电能表在通电实验时，表面与地面应保持垂直。

（2）电能表内的电压线圈和电流线圈以及进出线极性不能接错。

（3）实际施工安装时应符合低压用户电气装置规程中的有关规定。

# 四、考核标准及评分

| 序号 | 主要内容 | 评分标准 | 配分 | 扣分 | 得分 |
|---|---|---|---|---|---|
| 1 | 工作准备 | 工具准备少一项，扣 2 分；<br>工具摆放不整齐，扣 5 分 | 10 | | |

| 序号 | 主要内容 | 评分标准 | 配分 | 扣分 | 得分 |
|---|---|---|---|---|---|
| 2 | 元器件安装 | 不按规程正确安装，扣10分；<br>元器件松动、不整齐，每处扣3分；<br>损坏元器件，每件扣10分；<br>不用仪表检查、元器件，扣2分 | 20 | | |
| 3 | 仪表使用 | 使用仪表不当，扣10分；<br>损坏仪表，扣20分 | 10 | | |
| 4 | 安装工艺、操作规范 | 电能表安装不垂直，扣10分；<br>线路连接不合工艺要求，每处扣3分 | 20 | | |
| 5 | 功　能 | 一次通电不成功，扣15分；二次通电<br>不成功，扣30分 | 30 | | |
| 6 | 安全文明生产 | 违反安全用电规范，每处扣5分；<br>未清理、清扫工作现场，扣5分 | 10 | | |
| 备注 | | 时间：4 h | 合计 | | |
| | | | 指导教师 | | |

## 五、作　业

（1）三相电能表如何选择及安装要求是什么？

（2）电流互感器与电压互感器的作用及使用注意事项是什么？

# 参考文献

[ 1 ]　马国伟. 电工技能训练[M]. 1 版. 北京：清华大学出版社，2013.

[ 2 ]　张仁醒. 电工技能实训基础[M]. 西安：西安电子科技大学出版社，2018.

[ 3 ]　叶水春. 电工电子基本操作技能实训[M]. 北京：人民邮电出版社，2010.

[ 4 ]　技工学院机械类通用教材编审委员会. 电工工艺学[M]. 5 版. 北京：机械工业出版社，2017.

[ 5 ]　王浔. 维修电工技能训练[M]. 北京：机械工业出版社，2012.

[ 6 ]　劳动和社会保障部教材办公室组织编写. 维修电工技能训练[M]. 3 版. 北京：中国劳动社会保障出版社，2001.